我的第一本科学漫画书

科学实验王 升级版

KEXUE SHIYAN WANG

20 海浪与洋流

HAILANG YU YANGLIU

【韩】小熊工作室/文
【韩】弘钟贤/图
徐月珠/译

二十一世纪出版社集团
21st Century Publishing Group

审订序

通过实验培养创新思考能力

少年儿童的科学教育是关系到民族兴衰的大事，教育家陶行知早就谈到："科学要从小教起。我们要造就一个科学的民族，必须在民族的嫩芽——儿童——上去加功夫培植。"但是现在的科学教育因受升学和考试压力的影响，始终无法摆脱以死记硬背为主的架构，我们也因此在培养有创新思考能力的科学人才方面，收效不是很理想。

在这样的现实环境下，强调实验的科学漫画《科学实验王》的出现，对老师、家长和学生而言，是件令人高兴的事。

现在的科学教育强调"做科学"，注重科学实验，而科学也必须贴近孩子们的生活，才能培养孩子们对科学的兴趣，发展他们与生俱来的探索未知世界的好奇心，《科学实验王》这套书正是符合了现代科学教育理念的。它不仅以孩子们喜闻乐见的漫画形式向他们传递了一般科学常识，更通过实验比赛和借此成长的主角间有趣的故事情节让孩子们在快乐中接触平时看似艰深的科学领域，进而享受其中的乐趣，乐于用科学知识解释现象、解决问题。实验用到的器材多来自孩子们并不陌生的日常生活，便于操作，例如水煮蛋、生鸡蛋、签字笔、绳子等；实验内容也涵盖了日常生活中可应用的科学常识，为中学相关内容的学习打下了基础。

回想我自己的少年儿童时代，跟现在是很不一样的，我到了初中二年级才接触到物理知识，初中三年级才上化学课，真羡慕现在的孩子们，这套“科学漫画书”使他们更早地接触到科学知识，体验到动手实验的乐趣。希望孩子们能在《科学实验王》的轻松阅读中爱上科学实验，培养创新思考能力。

北京四中 物理教研组组长
物理高级教师 **厉璀琳**

作者序

伟大发明都来自科学实验！

所谓实验，是指在特定条件下，通过某种操作使实验对象产生变化，并观察、分析其变化及形状。许多科学家利用实验学习各种理论，或是将自己的假设加以证实，故在实验过程中，常常衍生出伟大的发现和发明。

炼金术是研究利用石头或铁等制作黄金的科学技术。以“万有引力法则”著名的艾萨克·牛顿（Isaac Newton）不仅是一位物理学家，也是一位炼金术士；而据说出现于“哈利·波特”系列中的尼勒·乐梅（Nicholas Flamel），也是实际存在的炼金术士。虽然炼金术最终还是宣告失败，但在过程中经过无数挑战和失败所累积的知识，却进而催生了一门新的学问：“科学”。无论是想要验证、挑战还是推翻科学理论，都必须从实验过程中着手。

主角范小宇是个虽然对读书和科学毫不感兴趣，但在日常生活中却能不知不觉灵活运用科学理论的顽皮小学生。自从学校开设了实验社之后，便开始发生一连串的意外事件。对科学实验毫无所知的他能否克服重重困难，真正体会到科学实验的真谛，与实验社的其他成员一起，带领黎明小学实验社赢得全国大赛呢？请大家一起来体会动手做实验的乐趣吧！

目录

哗啦……
哗啦……

人物介绍

范小宇

所属单位：黎明小学实验社

观察内容：

- 对心怡所说的话总是能发挥最高度的集中力。
- 为了激发脑力而吃饭速度过快，这点要特别注意！
- 因为柯有学老师的离开而犯下令人手足无措的失误。

观察结果：借着不倒翁的精神，让陷入挫折感中的黎明小学实验社重新获得勇气。

罗心怡

所属单位：黎明小学实验社

观察内容：

- 不相信柯有学老师会一句话也没说就离开。
- 借由聆听雨声来寻求心灵的平静。
- 偶然发现了实验成功的关键线索。

观察结果：虽然看似是不经意说出口的话，但其实话中都有重点。

江士元

所属单位：黎明小学实验社

观察内容：

- 一意孤行盲目的实验，遭人嘲笑。
- 江士元在实验对决中犯下有史以来第一个失误。
- 连吃饭的模样都高尚的完美绅士男！

观察结果：不像原本的江士元，接二连三出现失误！但仍是黎明小学实验社的核心人物！

何聪明

所属单位：黎明小学实验社

观察内容：

· 只要坐立不安就会马上犯下失误，露出马脚。

· 除了采访写稿外，现在连影片都能灵活运用！

观察结果：即使是在闷闷不乐时，只要一得知任何真相就会眼神发亮，想出让大家惊讶的好点子。

艾力克

所属单位：大星小学实验社

观察内容：

· 看到黎明小学惊慌失措的模样时，内心会非常痛快。

· 因为柯有学老师的离开而深受打击。

· 生气时会不经意地说出没礼貌的话！

观察结果：虽然察觉柯有学老师消失的原因并不单纯，但并不感到害怕。

许大弘

所属单位：太阳小学实验社

观察内容：

· 目标只有全国大赛冠军！

· 把死对头黎明小学当作第一次胜利的牺牲者。

观察结果：梦到在决赛场上借由黎明小学来恢复太阳小学受创的自尊心。

其他登场人物

❶ 拔腿狂奔的记者裴宥莉。

❷ 别有居心的关注第一回合对决的太阳小学校长。

❸ 只能帮忙加油的黎明小学校长。

❹ 因为小宇的态度突然太亲切而晕头转向的小倩。

第一部 不安的开始

怎么可能！
嗒 嗒
嗒 嗒
嗒
喘
怎么可能
会有这种事！
喘 喘 喘 喘
喘 喘
超级敬业的
裴宥莉居然会在
决赛这天迟到！
抖抖
抖抖
喘 喘
昨天不应该
写新闻稿写到
那么晚的！
而且还是在我们
学校和黎明小学的
第一回合决赛时！
喘
居然出现
这么不像话
的失误……
抖抖 抖抖

现在没时间
说这些了！
不可以
后悔或抱怨，
也不要替自己
辩解！
突然

现在唯一能做的，
就是尽全力做到
最好！
跑
跑
跑
跑
跑

冲吧！
冲啊！
再冲快一点啊……
……
沙沙

冲啊啊啊
啊啊啊
呃……
呃啊，
吵死人了！
吵得
我头昏
脑涨。

您要急着
去哪里呢？
啊，我现在要去
决赛现场。
顿住

不管怎么说，
我还是对这次黎明
小学的决赛感到
很好奇。
啊，原来今天
是黎明小学的
决赛啊！
半蹲
身体
话说回来，
那件事解决了吗？
哪件事？

嗯，还好指导
老师自动辞职，
才没让事情
扩大。
点头
嗯。
也没有别的方法了。
站在指导老师的立场，
这应该是最好的方法吧！
怎么说呢……
那么我先走了……

嗒嗒
嗒嗒
嗒嗒
……

沙
沙……
指导老师
自动辞职的话……
真的……
这里还真是个
嘈杂的地方!
所以黎明小学
现在是在没有
柯有学老师的
情况下进行
决赛吗?
发麻
发麻

现在黎明小学与
太阳小学的……
总决赛第一回合
正式开始。
决赛
主题是……
“波浪”。

终于公开第一回合
决赛的主题了！
但是主题好像
比想象中还简单
许多呢！
嘈杂 嘈杂
越简单的主题，
可以表现的范围就越大。
就这一点来看，
非常期待两支队伍
将会如何解说
这个主题呢！
嘈杂
嘈杂
咕噜……

现在我们该
怎么办呢？
没看见老师
总觉得很不安……

什么怎么办，
反正实验本来就是
由我们来做！
话是
没错啦……

……
……
……
……

只有这次不在而已，对吧？
一定是突然有什么急事……

当然了！
老师没道理
就这样无缘无故
离开啊！

啊！该不会是瞒着我们
偷偷准备特训吧？
哈
哈
现在说不定
也在某个地方偷偷
观察我们……
别再说了！

忘了吗？
哇
我们现在在什么地方？
啊！
是啊，没错！我们现在……
哇
正站在梦中曾出现过的决赛会场上！
对不起！我不自觉地就想起了老师。
全国实验大会决赛
第一回合转插
黎明小学
VS
太阳小学
哇
没错！
就像士元说的，专心集中在决赛上吧！
咕噜

不能
停在这里！
我们必须继续
往前走……
唰啊啊啊……
往海边……
咕噜
咕噜
要集中思绪
在波浪中才行！
呃……
波浪是……
但是很难
定下心来啊！

大海表面的
波动……
对吧？
……
嗯！
点
头……

是啊，
慢慢回想！
还有，波浪……
大多数都是由风的吹拂所引起的。
风？
吹过海面的风……
会直接影响到大海的表面。
与陆地不同，因为海上很少有障碍物，大海表面与风之间的阻力会产生水纹，进而形成海浪。
哗啦
风的方向
哗啦
阻力
哗啦……

当然，风并不是海浪形成的唯一因素。
海的洋流及“潮汐”，也会对海浪产生影响。
大鹏展翅
啪嗒
是水字边的“潮”啦！你整个想偏了！
哗啦
嗯
唉……
是鸟巢的巢吗？
怎么可能。

才不是那种奇怪的鸡好吗？
当然也不是那个“巢”字！
不，之前已经学过涨潮及退潮了，对吧？就是海平面的高度会定期性涨退的潮汐现象。
干潮
月亮公转的方向
满潮
地球
月亮
满潮
干潮
潮汐是……
这种现象主要是月亮的引力造成。引力跟距离有关，最靠近月亮的地方以及离月亮最远的海水水面会上升，形成满潮。

懵
所以就是月亮造成涨潮和退潮现象，对吧？
嗯！
海平面最高及最低时分别叫作满潮及干潮。
滔滔不绝
什么“干炒”？
我说的是海平面发生涨潮或退潮时，海水位达到最高时称为满潮，最低时则称为干潮！
转
满潮
涨潮
退潮
干潮
哎呀！
你怎么老爱把事情说得那么复杂难懂，听完才发现你说的这些我早就知道了。
那么，那个叫作洋流的东西我应该也知道！
没错，洋流是以固定方向循环的海水水流。
想想以前在“循环”时学过的知识。

嗯，吹在海面上的风，就包括了在整个地球循环吹拂的风。
循环？
转动
地球的所有东西都在循环着……
这种风会影响海面，让表面的海水往一致的方向流动。在北半球是以顺时针的方向，在南半球则是以逆时针的方向流动。
暖流
寒流
另一方面，在深海地区会因为海水的温差而产生洋流。温暖的洋流称暖流，将海水从低纬度往高纬度的方向流动；冰冷的洋流称寒流，将海水从高纬度往低纬度的方向流动。
还有盐分的差异，咸的海水与比较不咸的海水在流动混合的过程中，也会带动整个海域的循环。
好厉害！
循环……
整个海域！
哇……

那么发生在海水浴场里的海浪，也是整个海浪的一部分吗？
唰啊啊
唰啊
嗯，不过流动的形态会因为深度有所不同。深海以圆形方式流动，水的深度越浅，流动的形状会越偏向椭圆形。接近岸边时，就会变成前后来回的方向流动。
啪嗒
咕噜噜噜
海岸
浅海域
深海域
啊哈！
所以发生海啸时，深海区相对于海岸更为安全啊！
哦，居然能应用到海啸，真是了不起！
呼……
在第十五集时稍微用功一下。
差不多。发生在海底深处的地震或火山爆发所产生的波，在靠近海岸的过程中，
会因为与海底的摩擦力越来越大以至于浪高增强，因而更具有破坏力。
震中
这么看来……

海浪还真是个令人
头痛的家伙啊！
你在说什么啊？
你想想看！
叩
叩
我是说海浪发生的话，
妈呀！
哗
啦
啦
啦
船会被翻
过去，
乱七八糟
也会把垃圾冲
到海岸上来，
救命啊！
还会对生命
造成危害！
抖
抖
抖
是不是
也会侵蚀
地面啊？
哗
哗
哗
哗
跑啊！
而且在遇到地震时
还会变身成海啸
横扫所有地区！

话是这么说没错，
但从海浪中得到的
益处也很多。
哼，那么你
说说看啊，
有哪些益处？
潮汐发电就是啊！
笑死人了！
哪有那种东西？
潮汐发电就跟太阳能或风力发电一
样，是利用潮汐落差转换成电能的。
变脸
有啦，
小宇
啊，原来是
这样啊？
啪

那不就好了。决定了！
我们当然就做海洋能源
的实验啦！
**不觉得
很厉害吗？
无限的免费
能源！**
恼怒
恼怒

并不是免费的。因为开采
能源所投入的花费至今仍
高于所获得的能源利益，
所以目前还在研究阶段。
而且我只知道
原理，并不晓
得具体的实验
过程，我可不
敢保证这样的实
验会成功……

你们那是
什么表情?
兴致
勃勃

怦怦……
呜哇!
那么我们
就是第一批进行
潮汐发电实验的
小学生了?
太棒了!
我们只要
成功就好了!
怦怦
应该会
成功吧?
做了不就知道了!
好极了!
咚

先把实验需要的材料找来吧！
好！两队都已经讨论完毕，开始准备需要的实验用品了。
是的，这个过程也是评分项目之一。在实验完毕后如果材料还有剩下或是不足，都会成为扣分的因素，所以必须慎重考量才行。

发电机……
发电机……
快点出来吧……
……
东找
西找

找到了！
上天果然是眷顾我们的！
转

那么现在……
小的灯泡！
碰

哦？
啊！
咚
哗啦

哗
哗
哗……
骚动……
闹哄哄
闹哄哄
哎呀，同个实验社的人撞在一起，将实验准备物品给碰翻了！
这也会被列入实验态度扣分的因素之一吧？
喧哗
这是当然的了。但是……

跟扣分比起来……
现在更需要担心的是，这个失误会不会让他们更紧张害怕。
喧哗
是啊！不管怎么说，一紧张的话就无法完全发挥实力了。
孩子们，拜托……
哇啊
闹哄哄
黎明小学实验社是否能战胜第一回合决赛的压力及失误带来的冲击呢？
闹哄哄
哇啊
真是从第一回合开始就让人捏一把冷汗呢！
搔搔
搔搔
怎么办呢？
哎哟
什么啊，真的在紧张吗？
这些家伙，比想象中还胆小啊？

其他人就算了，拉敏你可
不能说这种话哦！
你忘记第一次进
决赛的事了吗？
噗！

恼羞
干吗提起
那时候的
事情啊？

怎么可能忘得了呢？
那时拉敏你太过紧张，
还站到对方实验社的
地方去不是吗？
不是，
才不是那样！
我说过只是搞错
方向而已！
嘻嘻
嘻嘻
嘻嘻
呵
呵
呵
到底要我说
几遍才会相信？

跟那种失误是完全不同
层次的！知道吗？
嗯，当然
不同，确
实不同。
闭嘴
闭嘴
呼……
真好奇如果老师
看见自己的学生如此
惊慌失措的模样，
会露出怎样的
表情呢？
这是真
心话吗？

坐立不安
哦？
突然
嗯？
老师……
去哪里了呢？
闹哄哄……
闹哄哄……
像今天这么
重要的日子！
闹哄哄……

实验1　从海水中萃取天然海盐

人类生存所不可或缺的盐，从史前时代起就被视为非常珍贵的物资，当时盐像钱一样珍贵，被用于以盐易物的交易模式中，而产盐的地方也成了商业交易的中心。盐大致可分成从海水中所得到的天然海盐、从地下盐矿获得的岩盐、取自盐水湖的湖盐等。最常用的盐，是利用电透析的方式来萃取海水中的天然海盐，再精制为精盐。现在，我们就利用简单的实验来获得天然海盐吧！

准备物品：海水、小锅子、加热器具

❶ 以可乐瓶装填海水。

❷ 将海水倒入锅子中，以小火长时间加热。

❸ 等海水全部蒸发后，残留下来的结晶物就是盐了。

这是什么原理呢？

海水里有着各式各样的物质，其中最多的成分就是氯离子和钠离子，两者结合形成带有咸味的氯化钠，也就是食盐。将海水引进盐田，利用太阳能及风力等自然条件让海水蒸发后，形成的盐结晶体就称为天然海盐。

盐田 利用自然的条件使海水蒸发、浓缩的一种设施，常出现在地形平坦的出海口附近。

实验2 了解海底地形的模样

深海地底的模样虽然比陆地来得单纯，却还是有着山、丘陵、山谷以及宽广的大地等多样化的地形。但是大海的平均水深足足有3800多米，最深的地方甚至超过11000米，这么深的海底模样该如何测量呢？通过实验来了解观测海底地形的原理吧！

准备物品： 水槽（或是较深且宽的透明容器）、沙子、30厘米长尺、纸、透明胶带、笔记用具

❶ 将沙子倒入水槽中，制造出凹凸不平的表面。

❷ 地形完成之后，用纸将水槽外围贴住让人看不见内部，并将水倒入水槽内。

❸ 另一个人将尺放入水槽内，沿水槽边缘移动，以固定的间距测量水的深度，并在纸上画出地形的模样。

❹ 最后将纸拆掉，比照图与实际地形的模样。

这是什么原理呢?

大海约占整个地球71%的面积，海底地形跟陆地一样，会因为地壳运动而形成多样化的形态。早期科学家为了了解海底地形的模样与正确的海水深度，尝试了各式各样的研究方法。例如在船上绑着有线的重锤放入海底测量深度，或是利用无人潜水艇来测量。到了二十世纪末，发明了超音波测深仪，只要朝着海底发射超音波，就能利用超音波来回所花的时间来测出海底深度及地形，因而揭开了全世界所有海域的深度及海底的地形之谜。

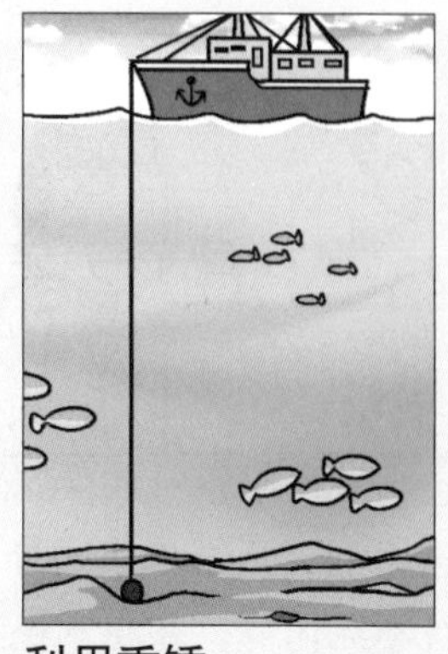

利用重锤

利用无人潜水艇

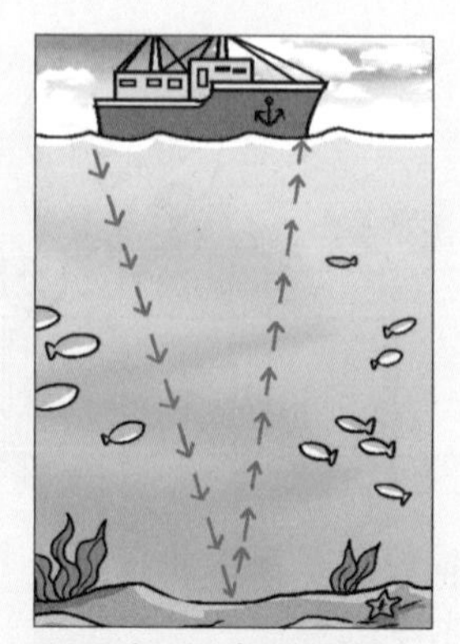

利用超音波测深仪

第二部 我们必须走的路

啪嗒
终于到了！
嗒
呼呼
呼呼
擦擦
怎么了，
这是什么气氛？
呼呼
擦擦
我不在的期间发生
什么事情了吗？
独家新闻的预感
唔……
先拍照再说吧！
咔嚓咔嚓
咔嚓
同学，你是怎么
进来这里的？

啊，是我允许的。
是我们学校新闻社派来的记者。
校长，我迟到了吗？
锵
来得正好！今天新闻的标题就是这个：
黎明小学的失误，准决赛现场变成水乡泽国！
咔嚓
咔嚓
我居然错过了这么关键的瞬间！
啊哈，原来是一开始就把实验用品给打翻了啊！
咔嚓
咔嚓
?!
呵呵呵……
不需要因错过而感到可惜，接下来还有更有趣的……
你们就等着欣赏我的作品吧！

呵呵呵
是什么呢？
太阳小学的实验准备几乎快要完成了！
水槽放在中间就可以了吧？
小心点，不要打破了！
沙沙沙……
从他们准备的东西来看，那个实验是……
选这个作为决赛的实验，不觉得有点太弱了吗？
嗯……
没错，是我们也做过很多次的实验！

* 海岸地形：受到大海所影响的地区，因海浪的侵蚀及堆积作用而形成的地形。

安静
滴
答
那么，
现在……
我们就来
制造海浪吧！
利用三把尺制作成
一个三角柱之后，
在壁边的水面位置，
将棱角的部位反复
放入后再拿起……
沙沙
扑通
扑通

就会产生自然的
海浪了！
哗啦
哗啦
哗啦
哗啦
哇，居然想得到用那种
方法来制造出海浪！
真的像海浪一样，
以固定的间距自然地
打向岸边！
哗啦……

哗啦
啪
在沙子不牢固的状态下，实验海浪冲刷到的部分，
瞬间被侵蚀了！
唰唰唰
就是现在！
快沿着现在沙子的模样画出线条！
实验开始没多久，就画出另一条与一开始不一样的线了呢！
那条线是代表什么意思呢？
那个就是海蚀洞，是岩石较脆弱的部分因为海浪的侵蚀，而形成的一种海岸地形。
啪嗒
晃动
啪嗒
唰唰唰

啪嗒……
唰唰唰
什么，
怎么会这样！
骚动
骚动
在说明的瞬间海蚀洞
就倒塌了，这样实验算是
以失败宣告结束吗？
不是的，实验成功了。
那样倒塌了
也算成功吗？
是，这就是海蚀
绝壁或海蚀崖！
海蚀洞持续受到
海浪侵蚀的话，被侵蚀
的部分会越来越深。
如此一来，上方的
岩石就会倒塌，这样
形成的崖壁就称为
海蚀崖。
这时倒塌的
残骸则会被
冲向大海，
堆积成为海
积地形。
转
海蚀洞
海蚀平台
海蚀崖
滩肩
海积地形

所以说，
那些同学算是展现出
海浪打上海岸后
制造出海蚀洞，
之后又形成
海蚀崖了？
嘿
而且还是一气呵成！
呼
咔嗒

真厉害！
我们所做的实验，
只是随着因海浪而产生
变化的海岸线来进行比
较的简单实验而已……
点头
这点他们好像也
兼顾到了。

没错。
太阳小学
实验社在
开始实验
之前，

什么？
你说海岸线吗？

分别画出了水槽侧面及底面的线。
海湾
峡角
侧面的线是为了比较海岸地形受到侵蚀作用所产生的变化。
侧面
底面
底面的线则是为了观察海岸线的变化。
从画面可以看出，原本S形状的海岸线因受到海浪的影响而慢慢改变形状。
凸向海面的角会受到更大的海浪侵蚀力量而后退，侵蚀作用下剥落的物质则会被冲刷到往内凹的海湾堆积而趋向平坦……
啊，观察海岸的曲线变化原来是运用这么简单的原理啊！
哦哦……
所以他们从一开始，
就想以一个实验同时呈现两个现象给大家看啊！
没错，就是最忠实于决赛主题“波浪”的实验。
可以说是完美无缺的实验！

感受到实力了！
不愧是进入决赛的实验社，做出的实验果然不同凡响！
看书的时候完全都看不懂，看了实验之后全都懂了！
没错，同时呈现地形变化的原理与波浪的作用。
闹哄哄
呵呵
嗖

接
吓！
接到了！
抖
抖
抖
抖

呼，真是好险。
呼呼
好险什么，
你看那边！

当
呃啊！
评审还真犀利……
实验态度扣分！
写……
沙沙
写 写……
沙沙

又被扣分了……
这次也是因为我的关系……
写……
刚才我如果能多注意一点的话，就不会做出那种愚蠢的事情了……
那时如果我……
写写……
你们现在在想些什么？
这里不是我们要走的路！
沙
沙
啊！

是的，没错！现在
应该只想一件事！
就是专心集中在
实验上！
呼呼

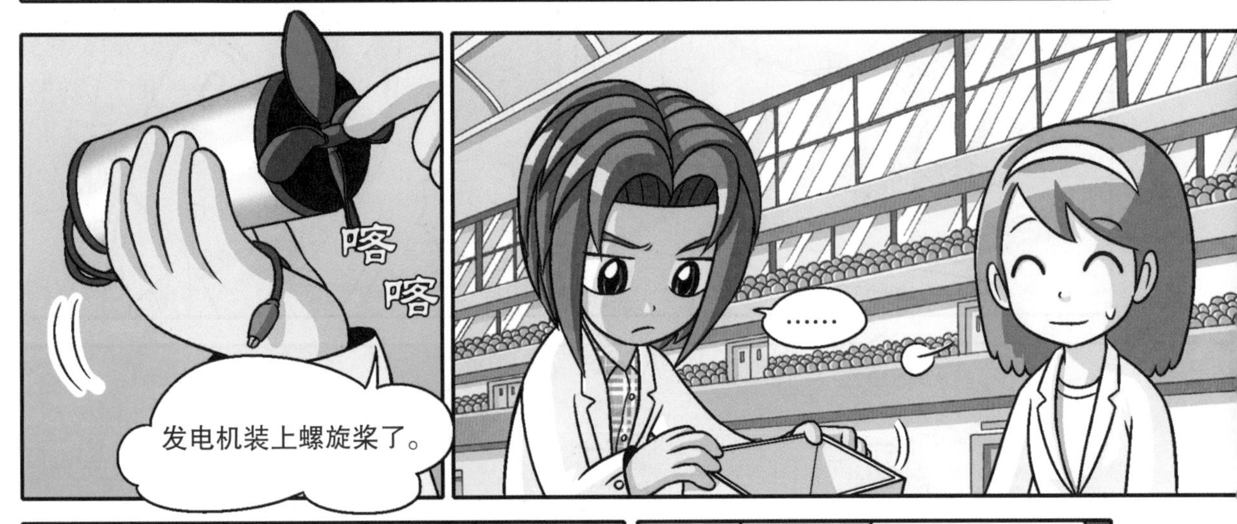
喀喀
发电机装上螺旋桨了。
……

那现在就是装上灯泡之后，
确认会不会运作
就可以了，对吧？
在这之前，要制作
一个把发电机装进
去的盒子才行！
递

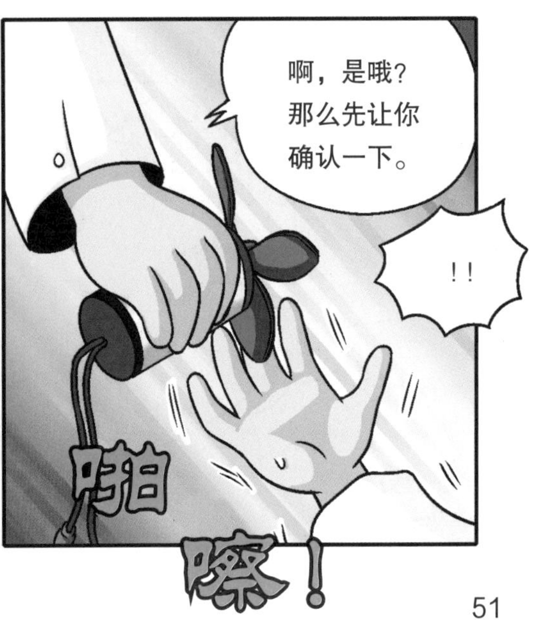
啊，是哦？
那么先让你
确认一下。
!!
啪
嚓！

啊!
啪嚓……

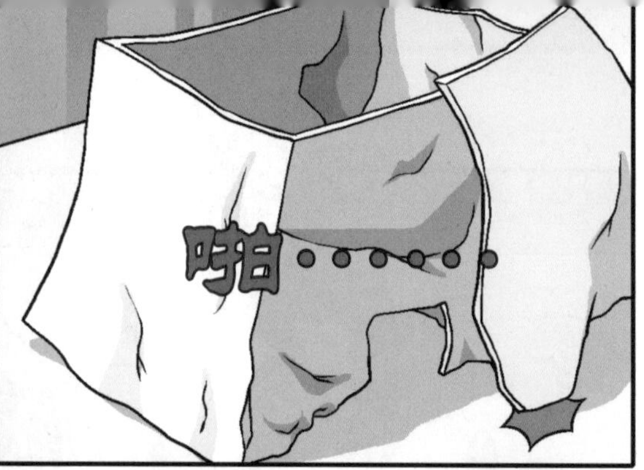
啪……

呃啊!
保丽龙板……
啊……

!!

你还没清醒吗?
冷静!
悬崖勿行
……
士元啊!
就说这里是悬崖边了!
大步大步大步
大步大步

这里……
止步……
再做一次就好，不要太紧张了。
嗯？
还有材料！
嚓
啊……
好吧！
动作得快点了！
呼
点头

士元居然也跟我们一样紧张，不知道为什么觉得有点安慰。
叽里
窃窃私语
呱啦
更正确地来说，是发现了两点！

到目前为止，江士元的失误是最严重的！
石化

实验态度不佳……
啊，又扣分？
就算是这样也不用感到太抱歉啦！
你沉默就代表认同的意思吗？
写写

呵呵……
虽然早知道他很奇怪，但没想到会是那种程度……
那家伙到底在干吗？
哈哈哈哈
呃呵呵

闷……
跟队员玩一下也要被扣分，怎么这么无情啊？
真是活该被扣分，活该。

是因为一开始的失误吗？
一直被扣分呢！
但比起这个，
团队的气氛……
哈哈
哈哈哈
哇
哈哈
哈哈
咯咯
咯咯
怎么说……
好像已经
放弃这次的
对决似的……
犹豫
犹豫
是吗？
在我看来，
噗
呼
发光
应该不是那样。

将发电机放入
箱子内……
沙沙

现在
全都完成了！
嚓

那么就
正式开始了？

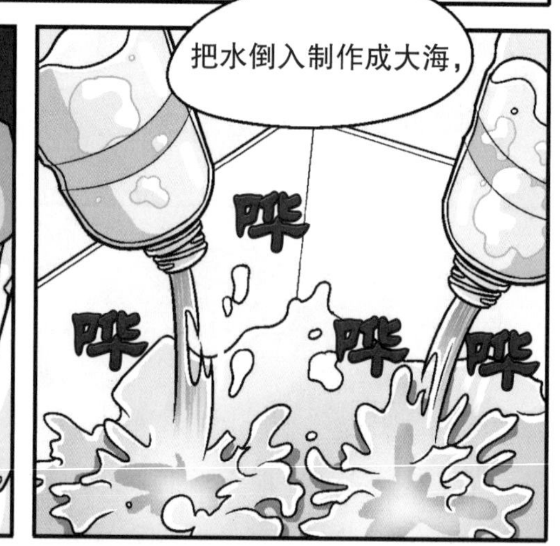
把水倒入制作成大海，
哗
哗
哗
哗

接着将潮汐发电厂的
模型放入水槽内，
实验道具准备完成！
扑通

现在剩下的就是……
海浪！
点头
嚓
哗啦……
哗啦……
唔！
那个实验是……

从他们连接了灯泡这一点看来，
似乎是在做电能实验，没错吧？

我也是第一次看到这个实验，
所以原本还猜想不到，
点头
这么看来，
他们做的是
潮汐发电
的实验！

潮汐发电？
利用潮汐产生的能源！
沙
沙

有那种实验吗？
我第一次听到！
就是利用涨潮退潮时，
海平面上升及下降的
落差来产生能量。

唰唰唰
啪嚓
原理跟风力发电实验差不多。利用海水的流动，在海水进出的同时制造出空气流动……
再利用空气流动使螺旋桨转动，
螺旋桨转动时产生的能量会在发电机中转换成电能，让灯泡发光。

这样程度的波浪就够了！
咕噜
现在马上……
据我所知，这个实验的理论虽然广为人知，但是实验过程却从未对外发表过……
哗啦
哗啦
难不成……
灯泡会亮的！

你的意思是，
他们是在这里第一次
做这个实验吗？
拜托，怎么可能！
只是我们不知道而已吧，
江士元应该已经做过了。

不，不对，
这样太说不过去了。
就像敏皓说的，
他们的表情看来就像是
第一次做这个实验。

难不成他们真的是只凭着
理论就来挑战这个实验？
那么，他们几个……
现在是真的
在做新实验啊！
？！

太奇怪了！
决赛都已经快要结束了……
但是最想亲眼看到这场实验的人……

却不见踪影！
吱吱吱
啪
为什么没有出现呢？
呜哇！
哗啦啦……

哇啊啊啊……
骚动
成功了！
骚动
灯泡亮了！
骚动
他们办到了！
哦哦！
哦？
嗒
艾力克？
嗒
嗒
嗒

改变世界的科学家——查尔斯·威利·汤姆森

查尔斯·威利·汤姆森
（1830–1882）
汤姆森是一位以学术目的进行史上最初的大规模海洋探索的人物，对于近代海洋学的发展有很大的贡献。

英国的海洋学者查尔斯·威利·汤姆森（Charles Wyville Thomson，1830—1882）负责指挥挑战者号，进行绕行世界一周的海洋探险，成为奠定近代海洋学基础的科学家。在十九世纪的年代，人们主张水深300吨（1吨=1.83米）以下是没有生物生存的无生物层。但是在某一天，汤姆森看到了一个在海中死亡并被冲上岸的生物体，让他产生了“在深海真的没有生物吗？”的疑问。如果真的有生物存在，他更好奇的是海底的生物如何获得食物，又是如何适应严酷的深海环境的。

为了解开这些疑问，汤姆森在1868年及1869年间前往各大海洋进行探索，然后发表了一篇名为《深海》的论文，文中指出深海里也有生物，而且深海的水温也会随着地区而有所不同的事实。他又在1872年到1876年搭上英国王室的船只——挑战者号，前往南美洲、非洲、日本等世界各地的海域，完成了一段长约12.8千米的环游世界航程。在这次的航行中，汤姆森收集了362个地点的海洋资讯，采集了133个地点的海底堆积物，并发现了约4717种新的海洋生物。不仅如此，他还采样了77个地方的海水并检测盐类成分比例，发现所有海域海水中的各种盐类成分相对比例是固定不变的规律。

挑战者号的探索路径

挑战者号从大西洋出发，经过好望角航向印度洋及太平洋，并以《挑战者航海日志》作为书籍名称，出版其航海记录。

博士的实验室1

潜水艇的原理

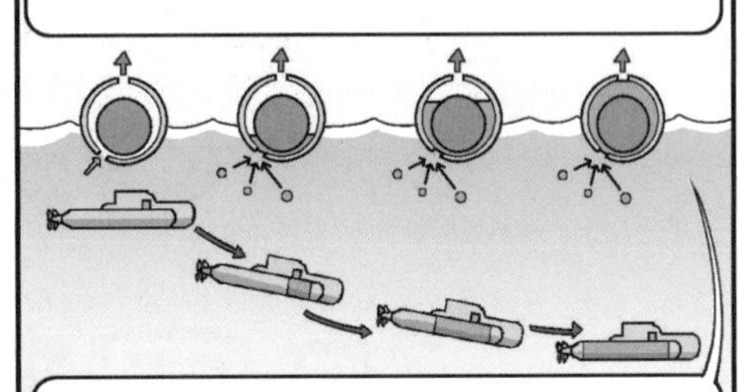

独家报道！

哇啊啊
呜哇
一阵骚动
咔啊啊……
哼
居然做出那么粗糙的实验……
哈！我就知道会这样！

闪烁……
闪烁
熄灭……
?!

哄闹
唔?
灯泡不亮了!
哄闹
哄闹
人工海浪
还没停……
不行!
惊慌
失措
哗啦
滋滋
哗啦
再亮
起来啊!
为什么会这样?

为什么？为什么
灯泡不亮了？
啪
啪
啪
一定要再
亮起来啊！
拜托！

骚动……
骚动……
骚动……
……
哗啦
哗啦

对了，
实验报告！
沙沙
沙沙
哗啦
哗啦
那么，
我……
去交报告吧！
再等一下！
只要再等一下，
灯泡就会再亮起来的！
只要再等一下……
哗啦
哗啦
哗
啦

抓

够了!
?!

扑通
……
呼呼……
我们这样……
算失败了吗?
气喘……

喘 喘……
结束了吗？
为了能进入决赛，我们真的很努力……
就这样空虚地结束了吗？

所谓的
结束……
啊!
老师……
迈步……
迈步……

沙
怦怦 怦怦
现在就开始
宣布今天比赛的
怦怦……
怦怦
怦怦
怦怦！

评审结果！
哇啊啊……
哇……
嗒
嗒
嗒
叮咚
叮咚
老师！
是我！
喘
喘……
301
302
是我啊！
艾力克！
砰
砰
砰
开开门啊！

现在老师的学生们
不是正在比赛吗？
您不去看吗？
为什么没有去
比赛会场？
转
到底……
咔嗒
现在公布实验内容的
评分结果，
黎明小学，主审
6分，副审7分
和6分，
唔？
太阳小学，主审
7.5分，副审6分
和7分。

接下来公布实验态度的评分结果，黎明小学，主审5.5分，副审5分和5分，
黎明小学
主审 副审 副审 统计
内容 6 7 6 12.5
态度 5.5 5 5 10.5
报告 8 7.5 8 15.75
太阳小学，主审7分，副审6.5分和7分。
咔嚓……

老师……

太阳小学
主审 副审 副审 统计
内容 7.5 6 7 14
态度 7 6.5 7 13.75
报告 7 7 7 14
咔嚓……
实验报告的评分结果，黎明小学，主审 8 分，副审 7.5 分和 8 分，
太阳小学，主审 7 分，副审 7 分和 7 分。
呼呼呼……

总分是
38.75 比
41.75……
全国实验大赛的
决赛第一回合……
黎明小学对太阳小学
的比赛结果是……

沙沙沙……
房间是空的！
呼呼呼……
不行啊！
如果又消失的话……
由太阳小学
取得胜利！

柯有学老师……
是年纪轻轻就以博学闻名，受到全世界肯定的人。
咔嚓 咔嚓
尤其是在用实验证明科学理论这一个领域上，表现尤其突出。
哦哦
这样的天才表示想要投身教育之后，多所学校立即争相邀约，竞争很激烈。
在我的殷切恳求之下，才终于答应担任我们小学实验社的老师。
但是对于柯有学老师来说，还有一项尚未完成的研究。
一直苦等着柯有学老师回去的研究团队，出现了迫切需要解决的问题……

所以他才做下了
艰难的决定，
在无可奈何的
情况下选择离开
我们……
仔细回想起来，
以前那通电话……
但是我无法
离开这里。
老师，
我们来了！
没什么。
我会帮您
解决的，您就
说说看嘛！
就是拜托老师帮忙的电话。
虽然他当时拒绝了……

老师从那时候开始就一直在苦恼。
原来如此，原来他是为了我们才放弃那项研究。
为了带领我们进入决赛……
唔
……
但是！
吓一跳
再怎么样，老师也没必要这样一声不响地离开啊！
冷汗直流
我真的很难过耶！
虽然我也不清楚柯有学老师的想法，但是……
他这样做，应该是为了降低带给你们的冲击吧？
啜泣 啜泣
啜泣
一声不响地离开，反而带来更大的冲击好吗？
说出实话吧！

不管怎样，
柯有学老师已经离开了。
现在……
我们只能
靠自己了！
话说得真简单！
呜……
老师一离开，
我们就输给那群家伙了啊！
威风八面
看到那群家伙露出
自以为是的表情，
我就算再过一百年
还是会很火大！
稍后我们将会
访问在决赛第
一回合对决的
两个实验社的
同学。

第一集
酸碱中和
既然胜负已经揭晓，见好就收吧！
这句话该是我说的吧！
小宇的
想象剧本
别太难过了，你已经尽力了。不过怎么办呢？我就是比你更优秀呀！
挫折
挫折
如果这次能在第一回合就取得压倒性胜利，
就能彻底压制太阳小学实验社的气势……
呜呜……

别太难过了，凭你的实力能做到这样已经很棒了！
这应该是我要说的！
受挫倒地
深受打击……

好的！
我想先访问黎明小学，没问题吧？
哈哈哈哈

随便啦，现在这个世界谁会想要听输家说话？
哈哈
准备好了。
我们只要展现帅气的外表就行了。
呼

这次决赛，
是所有队伍对决的循环赛，这点你们知道吧？
转播前倒数5秒！
嗯，我们知道啊！
咳咳

你们只不过输了一回合而已。
还有两场更重要的比赛在等着你们，怎么可以现在就认输呢？
什么？
哦哦哦
5……4……

这是因为……现在的情况跟以前并不一样！
我们有大叔不知道的难言之隐！
大叔……
好，那么……
首先，可以麻烦你们说明一下今天的实验内容吗？
咳咳

说……说明实验内容吗？

虽然很可惜，
但还是由我的助手
来代替我说明吧！
咳咳！喉咙
突然不太舒服！
咳咳
咳咳
撞
助手？

今天的实验，
是以比赛主题的
“波浪”作为能量
来源……
啊，原来
如此。
实验失败的
原因是……
呼！
呼！
嗒
嗒
嗒
嗒

既不在练习室，
也不在房间
里……
好像
有什么急事……
嗒
嗒
嗒
是发生了
什么事情了吗？
东张
西望
啊！
嗒
嗒
嗒
找到了！
艾力克！
艾力克！
匆忙
艾……
匆忙

嗒
嗒
唔?

指
你们!

对啦！我们输了。
输了！怎样?
激动
不过不用你担心，
我们是绝对不会放弃的！
只不过是输掉
一回合而已！
以后不会再输给
太阳小学了！
我不是
要说这个……
强颜
欢笑
你们的
老师在哪里?

啊，原来艾力克你也不知道？
我们也是不久前才知道的。
什么？
柯有学老师为了完成自己之前没做完的研究而离开了。
!!
你也不用太难过。
他是十万火急搭飞机离开的，所以在走之前也没跟我们打声招呼。
哼
你觉得我会相信这种话吗？
我无法离开，这些孩子们需要我。
柯有学老师即使明知奶奶命在旦夕，也不愿意离开你们！
他把所有的心都放在你们身上！
你们不知道吧，老师为你们牺牲了多少……
但是现在却说他离开了？而且还是因为以前没做完的研究？

你到底有多愚蠢，
蠢到会相信这种
漏洞百出的谎话！
什么？
愚蠢？
激怒

忐忑
不安
……
沙沙

唠叨
说我愚蠢？
是你自己
想太多了吧？
而且离开的是
我们的老师，
为什么激动的人
反而是你？
我们也正在忍耐
好吗！
唠叨

虽然能理解
你的心情，
但是与其把时间花在
关心学校的指导老师身上，
还不如集中精神在比赛上。
呵呵
比赛这种
东西……
没有老师的话，
就一点意义也没有！
顿住

既然如此，
我就给你一个
提示吧！
沙
沙

真的想知道
事实真相的话，
你觉得追问那群
乳臭未干的家伙，
就会得到答案吗？
！！

……
嗒
嗒
嗒
嗒
嗒
嗒
什么？你们
到底在说什么？
喂，你去哪里？

糟糕，已经这个时候了！差点忘了我还有约！
你们要准备比赛，一定很忙吧？我就先走一步了！
校长来探班竟然没有带点心给我们？
慌慌
张张
嗒嗒嗒

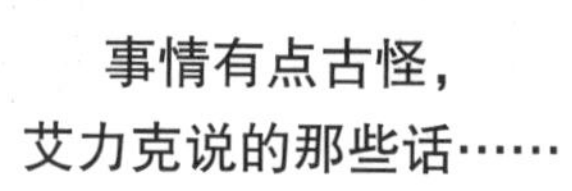

事情有点古怪，艾力克说的那些话……

忽然觉得老师也许不会再回到我们身边了。

那么，依艾力克所说，柯有学老师他……

你们够了！不需要因为别人说的话而动摇！
这样下去，只会让我们迷失未来的方向。

现在我们要做的应该
是找出今天实验失败的原因，准备下一回合的比赛。
转身

没……没错。
但是……

呼呼呼呼……

海洋资源

广阔的海洋占地球三分之二以上的表面积，依照大小、温度、盐度、洋流状态，而划分成大洋和附属海。大洋指的是面积宽广、盐度大致稳定且拥有独立洋流系统的海洋。附属海则面积较小，盐度因河水流入而常有变化，且没有独立的洋流，也会受到所属大洋的影响。大海广阔无际，内部蕴藏着可以供给人类使用的无穷无尽的资源。

矿物资源　海洋拥有我们人类所需的大部分物质，其中最丰富的成分是组成食盐的氯和钠，二者的年产量约占了全世界食盐年产量的30%。大陆棚中则蕴含着煤、铁等固体矿产。而在深海地底下，更埋藏着蕴含锰、镍、铜与钴等稀有矿物。

锰结核　埋藏于深海地底下的矿物，被视为海洋能源而受到瞩目。

生物资源　海洋中的生物包括了紫菜、海带等海藻类，和鱼类、贝类及哺乳类等，种类约占全球水生生物的80%，海洋生物对人类来说，是非常重要的食物供给来源。但是近年来全球各海域的渔获量均减少，所以正积极规划海洋生物的保育区，希望能让海洋生物资源可以长久延续下去。

养殖业　为了更容易取得人类需要的水产生物，养殖渔业开始发达。

TIP 深海的黑金——锰结核

锰结核是一种黑褐色的金属矿石，是以溶解于水深达 4000 米以上深海的金属离子作为核心，凝结海底堆积物而逐渐形成的胶结凝固物。锰结核内含丰富的铁、锰、镍、铜、钴等金属矿，可作为电子产品、汽车产业、通信产业、尖端医疗器材等的原料，所以又被称为“深海的黑金”。因为位于深海海底，所以开采不易，目前科学家正为了寻求开采方法而努力研究当中。

潮汐发电站 利用海面的高低落差来产生电力。

电力资源　包括利用涨潮、退潮间的潮差来产生能量的潮汐发电，利用海浪的海浪发电，以及利用表层海水与深层海水的温度不同，来产生能量的温差发电等。虽然相较于其他的电力资源，初期要投入较多的建设经费，但却有着不会对环境造成污染且资源无限的优点，被视为未来的洁净能源而备受瞩目。

海底矿产 水深较浅且地势较平坦的大陆棚，蕴藏着丰富的海洋石油资源。

海洋的石油和天然瓦斯资源

截至目前的探测结果，海洋底下蕴藏的石油量约占全世界储量的三分之一，天然瓦斯则占了全世界储量的二分之一。尤其是深海海底所喷出的沼气在高压、低温的环境之下，遇水所形成的“甲烷水合物（也称作可燃冰）”，据说含量可供给人类使用五千年，而且燃烧时产生的二氧化碳量较低，因而可以说是未来的替代能源之星。

无形资源　所谓的无形资源，指的是目前肉眼不可见的未来可能性，包括了灵活利用海洋空间打造出来的港口、港湾、养殖场以及围海造田等。最近科学家正积极试图在占据全球70%表面积的海面上建盖未来型产业和居住空间。例如海岛型国家的日本正试图填海建飞机场，并且想办法让人工结构物可以如船只般漂浮在海面上。

神户 日本利用填海方式建造的海洋都市。

事件背后

应该把那只猴子
的表情拍下来才对！
嗒
嗒
嗒
呵呵！
这一回合由太阳小学
取得胜利。
呜呜
拿去吧，这是今天的
练习内容。
沙沙
嗖
顿住

心情看起来很好嘛，该不会今天赢了比赛就满足了吧？
什么？
哼
怎么可能。
我们才不会为这点胜利感到满足。
我们的目标是取得全国大赛的冠军！
现在不过只是跨出第一步罢了。

很好！
你们就先进练习室准备吧！
我有事情要跟校长先生谈谈……
转身

嗒
嗒
今天报导的主角是你们，你们会帮我吧？
但不能妨碍我们！

练习室
15 00
进入决赛的小学
哈哈哈
啪
啪
啪
不愧是
校长先生！
柯有学老师离开了，
黎明小学的好运
也用完了！
呵呵，我也没想到
他们那么快就会倒下，
超乎我的预期。

不过您是如何知道的呢？
让黎明小学
一鼓作气打进决赛
的关键人物，就是
柯有学老师。
哼

很简单。黎明小学一向把全国
排名最后当作家常便饭，
这种学校的实验社居然
闯进了全国大赛，
怎么可能不是
借助这个新面孔
的力量呢？
哦哦

这么厉害的人物，
居然只用一张纸就轻松解决，
您真是了不起啊！
您过奖了，
我不过只是用自己的方式
守护学校的名誉罢了。

那么为了
下一回合的比赛，
您该不会也另外准备了
什么……
吱嘎
当然有了，这是多亏了柯有
学老师才得到的意外收获。
那就是下个对手的……
是谁？
谁在偷听！
练习室 D
15 00
愣住

对不起！
我是
许大弘！
练习室D
15 00
许大弘！
大吃一惊

你不去准备实验，
跑到这里来干吗？
怦怦
怦怦
我来
这……

是想确认一下今天
练习的内容。因为看
到里面开着灯……
我……我只是
想问一下这个。

……
……
沉默
这交给我处理，
你先去外面等。
好……

啪

他该不会……
全都听到了吧？
不安
唔……
就算真的听到了又怎样？
呵呵呵
不是滋味
什么嘛！
这是什么坏事吗？他们反而要感谢我们吧！

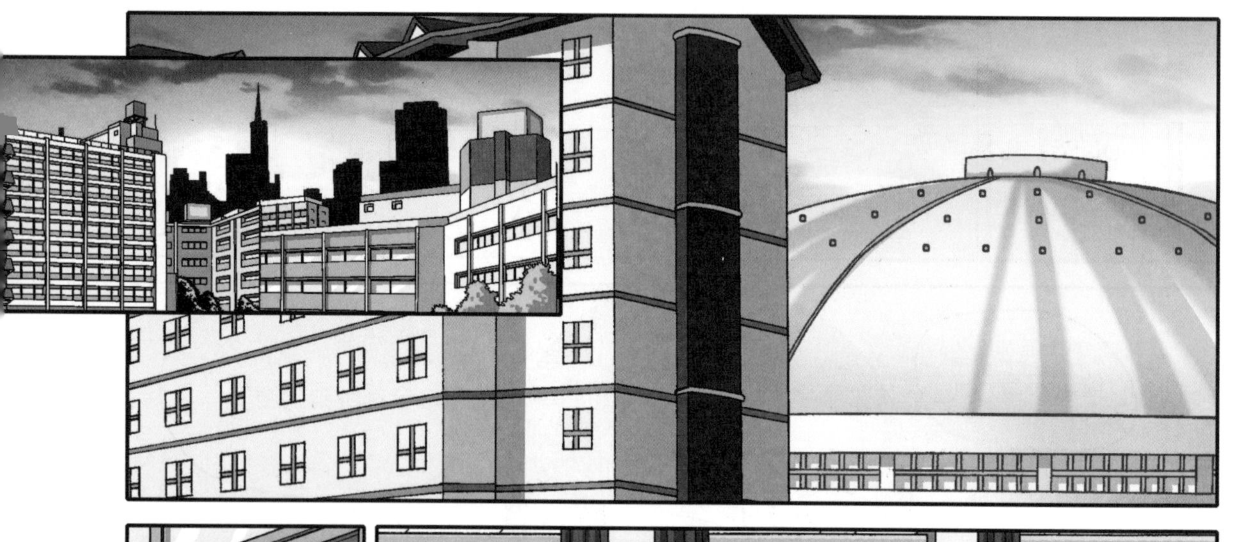

练习室D
17 00
进入决赛的小学
好！我们
再试一次吧！
哗啦
哗啦
小宇，
加油！

灯泡亮了！
很好，
只要继续维持
下去……
闪烁

啊……
熄灭……

这次也失败了！
唔。
我们明明是按照书上的内容去做啊！
问题到底在哪里？
吱吱

即使换成了塑胶瓶，却还是宣告失败，
看来跟发电盒的材质没有关系。

那现在该怎么办？
因为这是一个在理论上没有任何问题的实验。
要继续变更实验条件来测试才行！
哗啦
变更实验条件？

就是这个！
我们一直在相同的条件下制造波浪，应该试着改变一下才对！
咕
波浪的条件？
要怎么做？
那还用问？
之前不是都由我来装水和制造波浪吗？
哈哈
哈哈
所以这次就换成聪明来装水和制造波浪！

这算什么变更条件？
难道换一个人来做这些事，自来水就会变成海水吗？
嘿……
啊……

喂，都还没动手尝试看看就妄下结论，这可不是做实验该有的态度哦！
你一言
我一句
嘴硬坚持这种不像话的提议，也不是做实验应该有的态度！
也许问题就出在海水……
海水中的盐类，会不会对发电造成影响呢？
盐类？
是新品种的鱼吗？
拜托，心怡说的盐类指的是溶解于海水中的无机物啦！
海水之所以会是咸的，就是因为这些盐类！
啊，咸？

原来你们说的盐类就是盐巴哦！
“盐田”的那个“盐”！
盐田
曝射
曝射
海水
蒸发
盐巴
点头
点头
没错，我们平常所吃的盐巴，就是利用海水蒸发后留下的盐类成分精制而成。
海水中的盐类成分，
是雨水渗透并溶解了地球表面岩石内的无机物质，并将这些无机物冲刷入河再流入海洋，
岩石
海底火山
以及火山运动时产生的气体喷发物质溶解于海水中，才形成现在的盐类成分。
硫酸钙 3.60%
硫酸镁 4.74%
氯化镁 10.89%
其他 3.03%
盐类成分的组成比例
氯化钠 77.74%
其中占最大比例的，就是氯和钠结合而成的氯化钠（NaCl），也就是食盐的主要成分。
哇……
原来海水里面除了盐巴以外，还有很多成分哦！
那不就不可能做出真的海水了吗？那么……

我们马上
朝大海出发吧！
哈哈哈
不去大海
也行啦！

只要知道盐类
的比例，就能用
天然海盐做出海水。
啊，
天然
海盐！
是海水蒸发后
的结晶吗？
啪

等等。
不过盐的
比例……
只要是心怡说
的话，这家伙就
会发挥高度的
集中力！
嘿
敲
敲
只要将海盐溶
入水中，来达到
特定的比例即可！
……

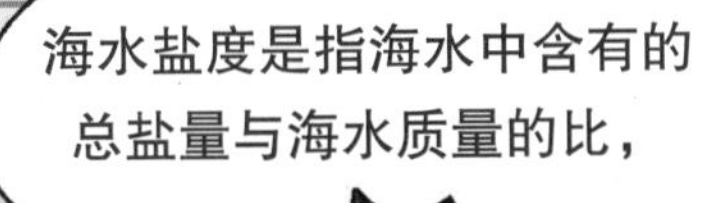
海水盐度是指海水中含有的
总盐量与海水质量的比，

卷
是这样
哦？

习惯以每 1000 克海水
中所含的盐类公克数，
以千分比（‰）来表示。

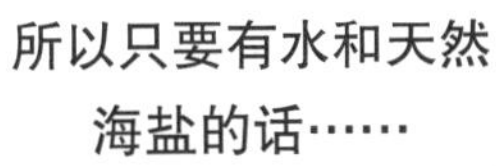
所以只要有水和天然
海盐的话……

喘
喘
喘
有这些
就行了吧？
水

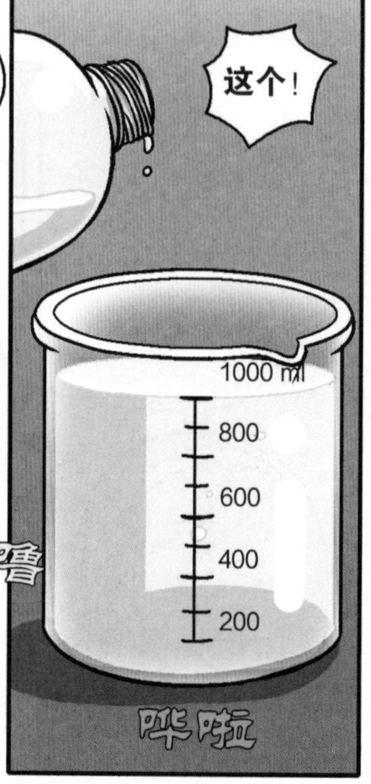

*密度：物体单位体积下的质量，即质量对体积的比值。

以前的科学家们为了减少烦琐的实验过程，还真是费尽心思啊！
如果是我也会这样做……
呵
要放入多少天然海盐？
唔，依照35‰的比例放就行了吧？
都不听我说话？
我说啊，海水的盐度可以自己随意决定吗？
如果可以，我想要用 100‰的比例！

当然不行！虽然盐度会随着地域不同而有所差异，但通常在32~38‰左右，
于是全球海洋的平均盐度定为 35‰。
37
36
35
35
36
但是……位于阿拉伯半岛的死海盐度约为平均盐度的 7 倍，超过 200‰。
哦哦

哇，好高的浓度哦！
那么死海产的盐只要放入一粒，
就能煮一锅炖汤了呢！
唰啦啦
嗖
喀喀
这就是低价
高效能！
不，并不是这样！
因为海水有所谓的
组成恒定性规律。

连盐的咸度也有规律？
怎么那么
复杂啊？
虽然海水的盐度会随着
地域不同而有所差异，
但是盐类成分的
相对比例是固定
不变的。也就是说，
不管哪个海洋的海水，
盐中的氯化钠占的
比例都是一样的。
35‰
32‰
海水
1kg
盐 35g
盐 32g
盐类成分的相对比例
保持恒定性。
盐类成分 比例 (%)
氯化钠 77.74
氯化镁 10.89
硫酸钙 3.60
总之，就是
死海的盐没
有比较咸吧？
水准备好了。
可以把
简单的事情
说得那么复杂，
你还真有天分。
丢

这是
965g
的水！
1000ml
35ml

放入 35g 的天然海盐后，
总重量就是 1000g，就能
调成盐度 35‰的
海水了！
1000 ml
800
600
400
200
35
喋喋

1000g 的水
减去 35g，
念念有词
就是
965g……
再放入 35g 的盐，
就成了 1kg 的
海水……
水 965g + 盐巴 35g=1000g=1kg
哈哈，
真的刚刚
好呢！
不休

水槽比较大，
1L 的海水不够。
我们用同样的方式
再制造 2L 的海水吧！

所以我们
要先从 1L
的水中
抽出
35ml，
再放入 35g 的天然
海盐，就完成了
35‰的海水！
唰啦啦

很好！
海水准备
好了！
哗
啦
啦

海浪发电
装置也放入
水中了！
哗
啦

好！海浪
请待命！
哗啦

哗啦

哗啦……

哗啦
哗啦

激动
激动
弱不禁风的家伙！
你就不能再用力
一点吗？
你想重新接受
精神教训吗？
这家伙……
顿住
海浪涌入
发电机的内部，
哗啦
再利用海浪退出时空
气涌入的力量来让螺
旋桨转动！
旋转
哗啦
发电机将
这股动能转换
成电能……
！！
连接在上方的灯泡
就会亮起……
啪
亮起来！

叹气……
不行，
看来问题也不是
出在盐类成分上，
让大家白忙一场，
对不起。

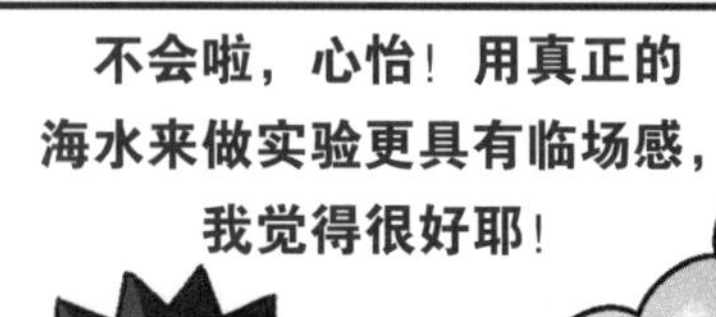
不会啦，心怡！用真正的
海水来做实验更具有临场感，
我觉得很好耶！

哈哈哈
而且手也有
刺痛感！

什么？
你说手
怎么样？
摩拳擦掌
不是啦！
我没这个意思……

我们来打造更具真实感的实验
环境吧……我是这个意思啦！
哈哈
例如跟
海边一样
的环境？

哦！
跟太阳小学实验社一样
做出海岸地形吗？
地形？
你们觉得这样可行吗？

没错，说不定实验失败真的跟地形有关。海浪大的区域大多是靠近陆地的海岸边。
唔……
浪高因为和地表的摩擦力而变大。
浪高受到海底表面的摩擦力而变大，在流回大海时遇到涌向陆地的另一道海浪，两者相撞而产生更大的海浪。
回流和涌入的海浪相遇，浪高变大。
居然会想到这点，是感染到了我的天才病毒吧？
你是在诅咒我吗？居然说我感染到你的无知病毒！
呵呵呵
惊愕！
用这个来打造海岸地形吧！

好！第四次尝试！
打造海岸地形！

唰啦啦啦……

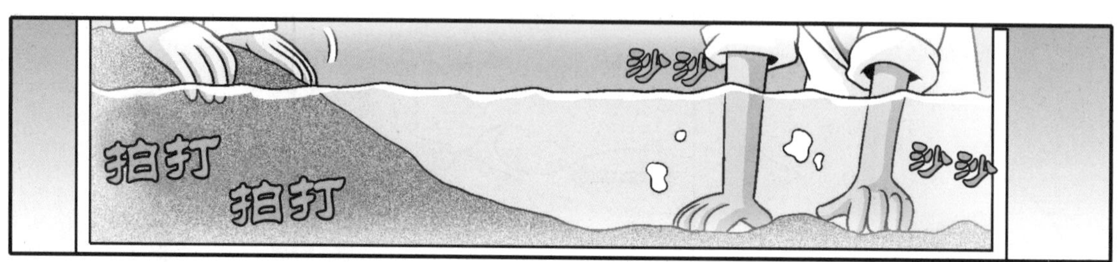
拍打
拍打
沙沙
沙沙

这种程度
应该可以了。
等等！
还没把底面
弄到平坦呢！
啪啪

底面不用平坦
也没关系。
事实上海洋跟陆地一样，
也有着台地、山、谷等地形。
海底山
大陆棚
大陆斜坡
中洋脊
海沟
是吗？
哦哦……

哗啦
那么，
这就是小宇山！

现在来
试试看吧？

好，那么……
点头
……
这次……
一定要
成功！
哗啦
哗啦啦

啪……
又失败了！
灯泡没有亮！
哗啦啦
叹气……
问题到底出在哪里？
根本不知道问题出在哪里。
哗啦……
哗啦
脑袋一片空白！
完全摸不着头绪……
一片空白……
哗啦
沙沙……

这种时候……
如果柯有学老师
在的话……
瘫坐

如果老师
在的话……
我们稍微
休息一下吧！
情况就会
不一样吧？
呜呃
不……不对！

我们一定
办得到的！
办得到的！
嚓

怦怦

那是当然！
我们先让脑袋冷静一下，等一下再继续吧！
没错。
老师……
一直是这样教我们的！
如果老师在的话，
也一定会这样跟我们说的！
没错！
我们从头开始一一仔细检视吧！

咚……
咚咚

哗啦啦啦啦……

哗啦啦啦……
哇！
下雨！

哗啦啦啦
怎么会突然下雨?
有人带雨伞吗?
直接冲回去吧!

对了，许大弘你怕下雨，
啊不，是讨厌下雨，所以你先在这里等一下吧!
哈哈

哗啦
啦
啦啦
啦
……

测量海水盐度的实验

实验报告	
实验主题	利用天然海盐来制作海水；做出简易比重计来测量盐度。
准备物品	❶ 实验试管 3 个 ❷ 玻璃棒 ❸ 水 ❹ 容量 1000ml 的烧杯 ❺ 电子天平 ❻ 海盐 ❼ 钉子 ❽ 标签纸 ❾粗吸管 ❿ 剪刀 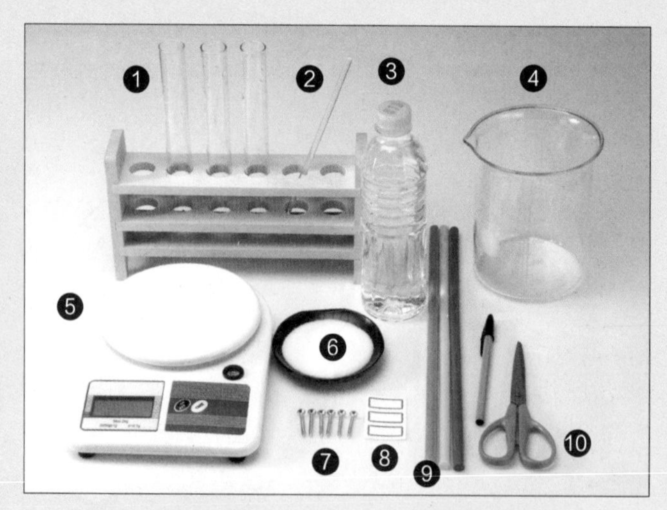
预期结果	❶ 以一定比例的海盐加水成 1000g，就能制作出海水。 ❷ 利用简易比重计，依照浮沉高度来得知盐度是否正确。
注意事项	❶ 不能使用食用盐，一定要用海盐（粗盐）。 ❷ 试味道时，食用量不要太多。 ❸ 简易比重计的重量应该完全一致。

实验方法1

❶ 先决定要做出多少盐度（‰）的海水，用电子天平测量海盐质量。这次实验要制作出盐度35‰的海水。

❷ 在烧杯内放入35g的海盐和965g的水，用玻璃棒搅拌均匀，制成1000g的盐水。

实验方法2 简易的盐度测试

❶ 用剪刀剪出3个约5厘米的吸管，将钉子插入吸管的一端，两端用油黏土封住，做成简易比重计。

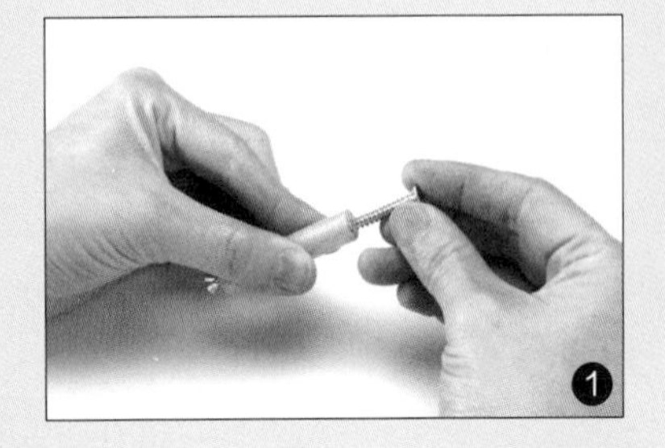

❷ 将简易比重计有钉子的一端朝下放入清水中，借由增减有钉子那一端的黏土量，调整3个比重计都能悬浮于清水中，而且比重计的吸管上端都恰好与水面平齐。

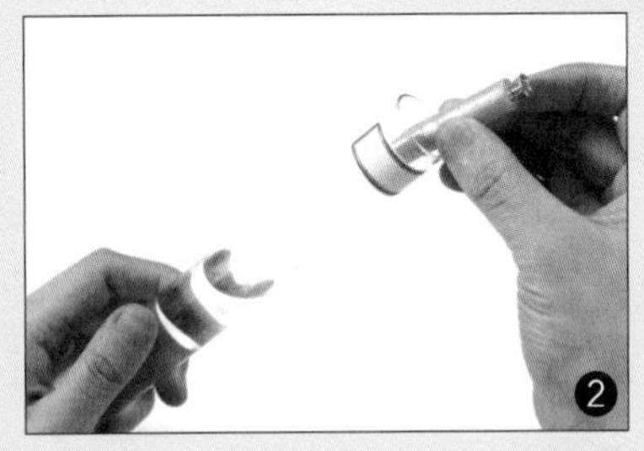

❸ 在两个试管中分别放入1g和10g的盐，做出盐度不同的两种盐水，然后各放入简易比重计。

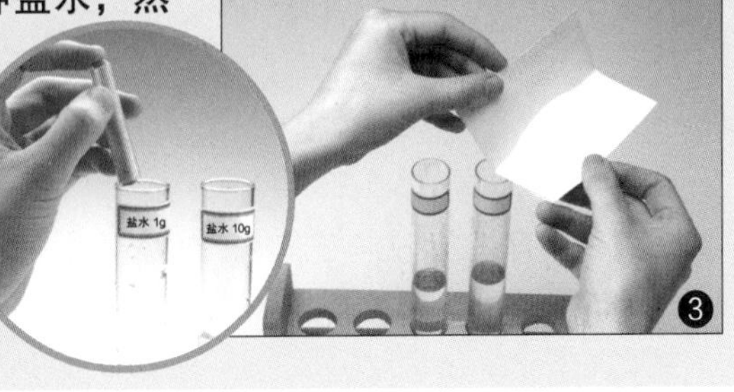

实验结果1

在制作天然盐和水的总质量为1000g的盐水实验过程中，了解海水的盐度千分比（‰）。

实验结果2

盐水的盐度越低，简易比重计上浮的程度越小；盐度越高，则越往上浮。

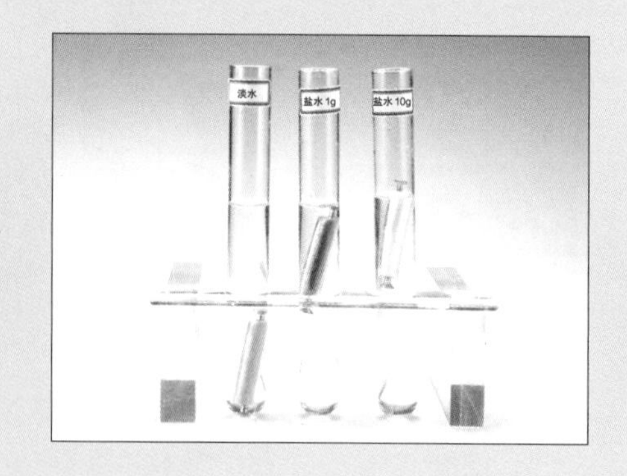

这是什么原理呢？

在这一个实验中，我们利用天然海盐和水做出总质量为1000g的盐水。因为内含35g的天然海盐，所以就是盐度为35‰的盐水（海水）。只要改变天然海盐的添加量，就可以得到不同盐度（‰）的海水。

在第二个实验中，我们可以观测到盐度不同时的密度差异。盐水的密度大于淡水的密度，根据阿基米德原理*，没入水中的体积会变少，所以在盐水中的比重计会浮起来。

* 阿基米德原理：浮体的浮力等于其排开的液体重量，亦即液面下的体积 x 液体的密度 = 定值

博士的实验室2

圣婴现象*和反圣婴现象

一般赤道东太平洋上的洋流受到来自东方的信风吹拂，表面温暖的海水往西方移动，底下温度较低的海水上升填补。

但是在圣婴现象时，因为信风的力量减弱，温度较低的海水不会上升，所以造成此区的水温升高。

一旦发生圣婴现象，东太平洋的渔场就会引起气象变化，并且发生暴雨或洪水。

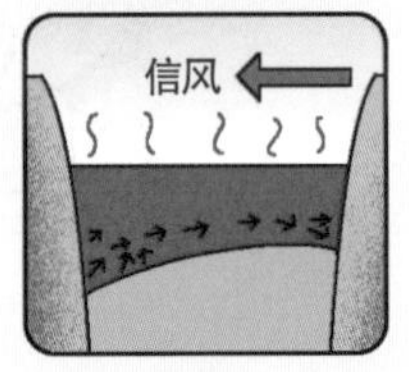

反之，若信风力量增强，东太平洋的海水温度会下降，称为反圣婴现象。

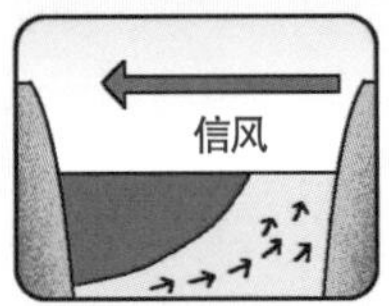

这两种现象均会造成全球的气候异常，

导致水灾或旱灾发生。专家推测这种气候异常是由于全球变暖所造成。

* 圣婴现象：又称厄尔尼诺现象。

第五部

三个线索

哗啦啦啦……

办公室
布告栏
使用申请书
沙沙
沙沙
制作硫酸铜结晶
没有老师的比赛，
一点意义都没有……
……
沙沙
沙沙
所以我也没有理由
继续留在这里了。

我想要申请练习室。
好的。
登记处
请等一下。
老师？
黎明小学
柯有学
老师？
碘化铅反应
碘化钾、
硝酸铅溶液
黎明小学
柯有学
既然都已经那么努力地安排好课程，又为什么会离开呢……
这是？
纸片上的铜屑
铝片、硫酸铜水溶液、乙醚、漆包线
太阳小学
你就是大星小学的指导老师吗？
申请记录本
申请记录本

我就是。
登记处
沙……
这个给你。
这是发给所有指导老师的公文，是你参加科学营队期间寄来的，所以比较晚拿给你。

大星小学
指导教师 启
虽然
相关的老师都已经签名，事情也妥善解决了，不过还是觉得要让你知道这件事才行。
怦怦

曾经发生的
未来小学
爆炸事故
沙
这……
这是……
怦怦……
怦怦……
15 名队员受伤
肢体残障
对于这场意外
责任归属
未来小学实验社创社典礼
怦怦
身为指导老师的
柯有学
?!
（前未来小学老师）
咚……

艾力克为什么
还不出来？
进入决赛的学校不多，
练习室应该很空吧？
唔。
明天就要比赛了，
却没什么真实感。
而且对手……

砰
这是召唤胜利
的惊奇魔术！

哈哈
这应该叫作召唤
拳头的魔术吧？
哈哈……
摆动
摆动
遗忘吧！

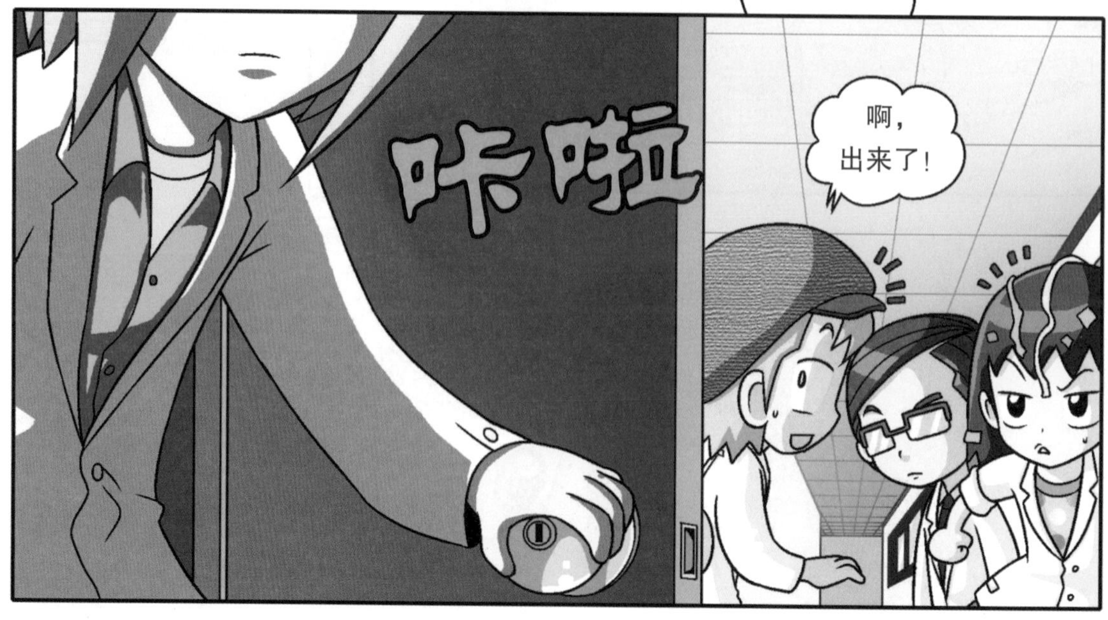
咔啦
啊，
出来了！

办公室
咔
嗒
……
……
艾力克
老师！
你在
里面待了很久？
有什么
问题吗？
喂！
怎么了？
没……
没事……

到底是谁……
将这些资料寄给
大赛委员会的？
相关的老师
都已经签名，
事情也妥善
解决了。
呼呼呼
艾力克老师！
你在里面
待了很久？
拍
老师就是因为这件事，
才会在第一场决赛
前夕独自离开……
我的直觉没错的话，
寄件人一定是这次
晋级决赛的学校
相关人士！
怦
怦怦
对啦！我们输了。
输了！怎样？
因为这件事
而直接获利的人……

真的想知道事实真相的话，你觉得追问那群乳臭未干的家伙就会得到答案吗？
怦怦
难道有什么问题吗？
没……没事……
啪
因为变更了实验内容，所以多花了一点时间。
变更实验的内容？
拍
拍
拍
嗯，原本的实验好像太复杂了。
呵呵
说不定老师还有机会再回到这里！

同一时间，
聪明……
哗啦啦啦

电脑教室
独家新闻！
大独家！
敲敲敲

太阳小学实验社，
揭开了胜利的序幕！
黎明小学实验
社却落败……
啪嗒
唔？

何聪明！
你……
你怎么会来这里？
不用吓成这样，我来这里
不是想要阻止你写报道。
惊慌
按
失措
脸色难看
哔

反正我们学校输了，
这是铁铮铮的事实。
你看到了啊？
咔嗒
虽然知道你的心情很复杂，
但是站在客观角度为大家报道事实是我的责任，你也不要太难过了。
该不会因为这件事就受伤吧？
敲

你到底是怎么写这篇报道的，居然还会担心我受到伤害？
你这样只会让我觉得更好奇。
就那样啊……

现在不是实验练习的时间吗？
敲
敲

叹气
是啊，但……
就是想到这里来稍微休息一下。
休息？
嗒嗒

大脑疲累时就要休息一下，
才能以创造性的思维重新挑战实验！
哈哈！
所以你们的实验
到现在还没成功？
因此你才会跑来这里
搜寻有用的资料吧？
致命一击
不要随便解读
我说的话！
呵呵呵呵
唔，
我有说错吗？
不过，
犹豫……
你们老师真的
离开了吗？
这个嘛……

……
唉……
沮丧……

这个问题
很难回答吗？
那我们转换一下
气氛，换个可以转
换心情的问题吧！
哈哈

林小倩，
她现在跟范小宇和
何聪明各是什么
关系呢？
脸红

喂！裴宥莉！
你！
嬉闹
嬉闹
哈哈哈！
我只是想让你打起
精神来嘛！
大怒
嘿嘿嘿

同一时间，
士元……
哗啦啦啦……
没什么，只是突然有点空闲时间，所以才想接受诊查。
我现在就出发。
哗

沙……

沙啦沙啦
……
沙啦沙啦

沙沙
作响……
!!

咔啦
塞入
嗖！
是谁?
有走过来的脚印，
却没有离开的脚印，这么
说人一定还在附近！

……

虽然不知道你是谁，但请你不要
做出这种无聊的事。
啪嗒
啊！
哗啦啦啦

握紧
但是我在无意之间，
听到了一件让人放不
下心的事。
这声音是？

哗啦啦啦……
虽然我也很讨厌
出面管闲事的人，

我觉得，
有人好像想要
对这场比赛，
嗒
以及身为比赛
主角的我们，

随心所欲！
愤愤
不平
试图出手
干扰这一切！

你们不是明天就要比赛了吗？
应该没什么空闲时间在这里跟别人玩捉迷藏吧？
203
……
一跌
而且，你说有人出手干扰？这是懦弱的人才会说的话。
我不像某些人，那么容易就受到别人影响而动摇，所以不用你担心！
转身
你没有资格说这些话吧？因为你到现在都还找不出实验失败的原因！
天下无敌的江士元居然会一直实验失败，不正是受到别人影响才会这样吗？
嗒
嗒
你何不坦白点呢？你现在不是连最基本的理论都忘了吗？
因为柯有学老师的离开而受到最大冲击的人，
正是……
江士元你本人！只是你自己一直不想承认这个事实吧？

同一时间，
心怡……
哗啦啦啦啦……
滴……
滴
滴答
哗啦……
滴……
哗
啦啦
啦

沙
沙……
请问……
有什么我帮得上忙的地方吗？
哗啦啦啦
唔？
你是谁啊？
我所接受的教育告诉我，看到哭泣的女孩时不能就这样离开。
这就跟看到老奶奶提着沉重的行李，要出手帮忙一样。

我……我没事！
这不是眼泪，
是雨水……
我只是在这里
休息而已。
擦

看着雨可以让我的
心情平静下来……
所以才会待在
这里……
我知道了，
那你就继续
休息吧！

她没事吧？
嗯，她说不用
我们担心。
太好了。
哗啦啦
他们也是实验社
的成员吗？

啊！
未来小学实验社？

听说他们只有在比赛
的时候才出现……
看样子他们的比赛
就在明天吧？
松手

我的雨伞！
咻呼呼

啊，不要跑啊！

还跑？
讨厌！

站住！
不要再飞了！
呼呼呼呼
啊！
摔倒
她真的没事吗？
哗啦啦
嗯，她刚刚明明就跟我说她只是在那边休息……
休息的方式也太激烈了吧！

同一时间，
黎明小学……
再大声一点！
声音太小了！
一！
二！
啪啪啪
嗒
嗒
嗒
所以才需要校长先生
的同意书。
但是小倩啊，下一次
比赛就快到了……
对不起，但是我
已经下定决心了。
不要这样，
再好好考虑
一下……
小倩！
校长先生！

呃！
这声音是？
好久不见了，
所以感觉更开心！
惊……
你……你这时间
怎么会……会跑
来学校？
该……该不会是
要放弃比赛了吧？

我为什么要
放弃比赛？
我只是趁着休息时间
跑来探访一下心灵的
故乡呀！
身心俱疲
心……
心灵的故乡？

不过，
校长先生！
大吃一惊
啊，对了，
瞧我这记性！

又忘了我有重要的事情要办了!
啪啪
小倩，你那件事我们下次再谈吧! 我先走了!
哗啦啦
校长先生……

又突然逃跑了。
嗒嗒嗒
为什么老是要逃跑呢?

小倩……
嗒嗒嗒

抓
啊!

咚……
队……队长!
好久不见!

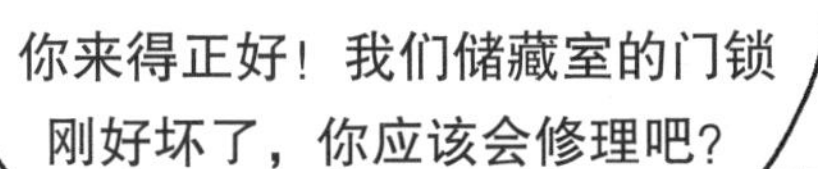
你来得正好！我们储藏室的门锁刚好坏了，你应该会修理吧？

那要先付修理费……
猛然

你在说什么啊！朋友之间谈什么钱？小倩不是你的朋友吗？
哈哈哈

小倩，我们还要继续练习，所以就由你陪他过去，告诉他是哪个门锁坏了吧！
砰
嗖

如何，我做得很棒吧？
普普通通！
咬牙切齿

快过来吧，不要站在那边淋雨。
唔……
掌印
咕咚

这间储藏室的门锁
上礼拜就坏了……
哗啦啦啦
呵呵
本来修理门锁的费用
可是很贵的哦！

为了你，我就
免费提供修理
服务吧！哈！

感动
唔唔。

果然一回到学校，
心情就平静下来了。
其实我正因为找不出
决赛时实验失败的
原因，而感到
沮丧郁闷。
哐当
哐当
对了，我们比赛
输了，你没来所以
没看到吧？
唔？
原来他知道
我没去看比赛？
那……那是因为
那一天要练习……
哦，
没关系啦！

我们那天做的实验，
是潮汐发电的实验，比赛主题是波浪。
左右转动
是……是哦……是因为发电机坏了吗？
要利用波浪的力量让灯泡亮起来，实验才算成功……
转动
啪
但是螺旋桨却突然停止转动了！

脸红
是因为你不在才会这样，你来看的每一场比赛我们都会赢啊！
才不是！
什么？

哗啦啦啦
所以我终于想通了！

这个怎么拆不下来？
唔
你知道吧？在五大洋中最大的是太平洋。
不过你不需要因此感到愧疚，因为我的度量大到跟太平洋一样。
北极海
太平洋
大西洋
印度洋
南极海
咔嚓

你没有来看比赛的那天，
是向你的金牌祈求好运吧？
怎么样，
我猜得没错吧？
怎么会……
他怎么会对我
那么温柔？
不是女朋友啦，
只是跟我同个实验班
的朋友。
这个扰乱
我心思的人……
居然对我那么
亲切……
这样……
只会让我更痛苦！
啊！
哗啦啦

突然
小倩！
你要去哪里？
啪嚓
嗖
等等！
这个啪嚓声，
愣住
该不会……
呜呜呜呜
哇呜呜呜
抖抖抖抖
呃啊啊啊

因为温度差异而产生的洋流移动

实验报告	
实验主题	温度差异是造成洋流波动的原因之一，我们可以通过这个实验来了解温差所造成的洋流移动情况。
准备物品	❶ 水 ❷ 有隔板的水槽 ❸ 玻璃棒 ❹ 烧杯 2 个 ❺ 蓝色广告颜料 ❻ 红色广告颜料 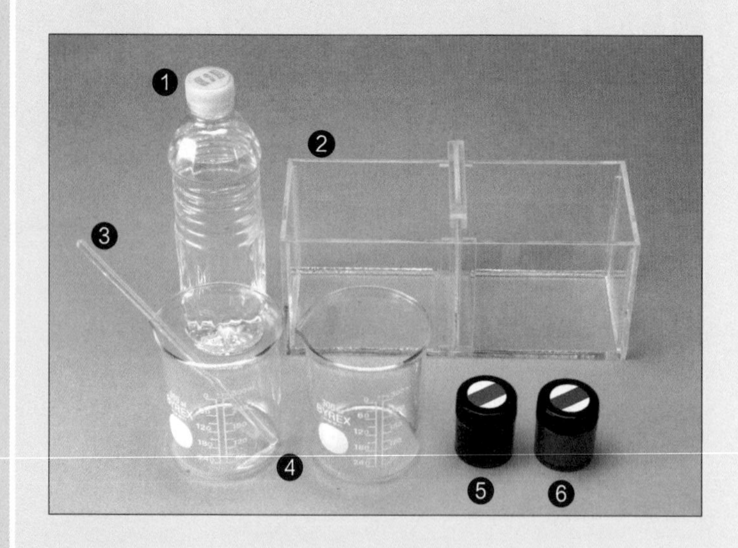
预期结果	抽走水槽内的隔板之后，冷水和热水不会混在一起，只出现水平移动现象。
注意事项	❶ 实验过程中一定要有大人陪同。 ❷ 倒入热水时一定要小心。 ❸ 在水中相互混合的两种广告颜料，最后会混合成补色。

实验方法

❶ 将蓝色广告颜料加到冷水中，红色广告颜料加到热水中，然后用玻璃棒搅拌均匀。
❷ 将含有广告颜料的冷水和热水，分别倒入有隔板的水槽两端。
❸ 将水槽中的隔板抽出，观察水的流动情况。

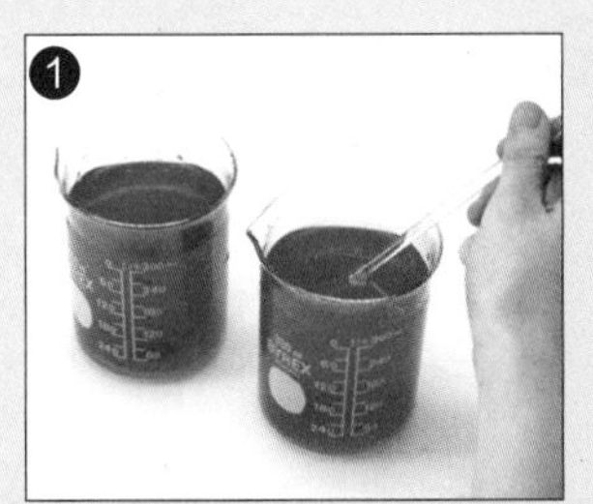

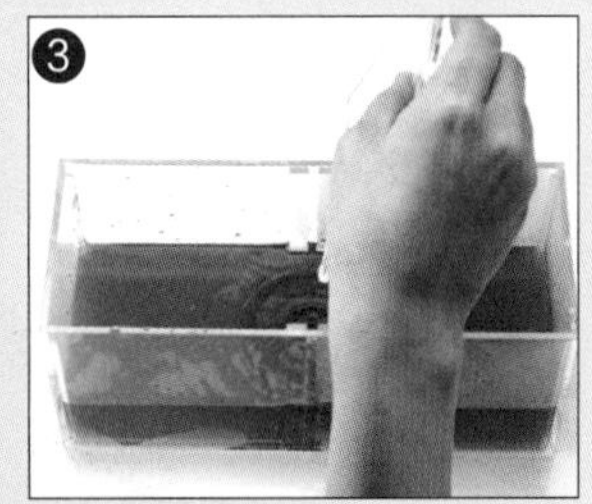

实验结果

呈现蓝色的冷水会往下方移动，占据整个水底面；呈现红色的热水则会浮在水槽的上方，占据整个水表面。不久之后水槽内的水就会呈现水平状的分层构造。

这是什么原理呢?

洋流，是具有相对稳定的流速和流向的大规模海水运动，形成原因包括了风、密度差异等，而这个实验则是利用温度差异来形成洋流。事实上，位于赤道地区的温暖洋流会往高纬度地区移动，高纬度地区的寒冷洋流也会往低纬度地区移动，温度差异让寒冷的海水沉到温暖的海水下方，形成深层水。海洋就依循着这个原理不断地循环，影响着地球的温度。

第六部

采访失败者
经验谈 3
你认为之后的比赛会如何发展呢？
只要江士元恢复正常实力就行了！这次就是因为他一直偷看心怡，我们才会输掉比赛！
你才是一直偷看心怡的人吧？
激动
愤慨

第二个阴谋

哈哈哈哈
所以我才说现在才算是真的正式进入比赛了！
那群家伙啊，听说因为现在还没找出潮汐发电实验失败的原因，所以今天还要继续做实验。
啪啦啪啦
吃饭中
看来他们还没从输掉比赛的冲击中走出来。
嘻嘻……
谁叫他们要做那种奇怪的实验……
噗

本来做
实验……
就不是光凭知道理论
就能一次成功的，实际去做
实验跟理论本来就是两回事。
而且物理本来就是
江士元最弱的领域。
这次的胜利原先
就在我的预期之内。
所以我说他们
就是太笨了！
锵
多亏他们的愚蠢，让我们
得到了第一场胜利！
不过……
士元那小子
为什么会做出
这种事？
如果我是他，一定会选择自己最有把握
的化学领域相关实验，不是吗？
什么？
这么说来……

这还用问吗？
一定是昏头了嘛！
昏到完全没考虑到自己的弱点和实验的成功率。
……
你们看到那群家伙慌慌张张的模样了吧？
连江士元都束手无策！
看来指导老师的离开带给他们的冲击真的很大！
不是的。
咚
我认识的江士元……
那小子……
不是会因为这种事而失去判断力的人。
什么？
那么……
即使柯有学老师没有离开……
肯定会！
他还是会选择做同一个实验！

那个实验
并不是失误……
而是一项挑战！
为什么？

为什么？
江士元老是
坐在心怡旁边？
怒火中烧
喂！
江士元！
咀嚼
咀嚼
你这种吃法，
会让福气跑掉的，
应该大口大口地
吃才对！
啪
啪
啪

吃得狼吞虎咽，就可以招来福气吗？
不只可以招来福气，还可以让大脑变得活跃！
我就是这样吃，才想通我们把在实验过程中最基本的理论给忘了！
咕噜
咕噜
一口接一口

基本的理论？
你现在不是连最基本的理论都忘了吗？

没错，实验的基本就是检查工具！
咀嚼
咀嚼
在进行实验之前，一定要好好检查所有的工具才行！尤其是产生发电功能的螺旋桨！

先用嘴巴呼呼地吹，确认发电机是不是真的能让灯泡亮起来……
闪烁
吹气
呼
呼！

喂！
啊，失误。

啊，我也想到了！
上午时我上网查了一下，找到一家已经在运作的潮汐发电站。
哦？潮汐发电站！
浑身颤抖
也是利用潮水的升降来获得能源吗？
没错！
不过有一点跟我们的实验不同，它的螺旋桨不是浮在水面上，而是沉在海里面。
我们要不要也这样试试看？这两种发电的原理相同，所以应该会有助于实验成功吧！
笨蛋！要是真的照着做而成功了，也只是模仿别人的实验罢了！
哈哈……
是这样吗？
不过就算失败了，我们也没有损失啊！
……

应该会有帮助吧！我们之前是靠着空气的流动让螺旋桨转动，
现在则是修正成借由海水的流动来产生能源，两者原理相似。
潮汐发电
风力发电
唔……
空气的流动……
对了，我也思考了一下，在制造海浪时不要用手，改用风力如何？
利用吹风机之类的……
那么也利用吹风机来检查螺旋桨吧！
呼呼
哦，很棒的想法！吹风机！
闪烁
呼呼呼
螺旋桨转动的原理……
利用风力来制造海浪……
啊！
吹风机！
空气的流动！
风！
没错……

你从刚刚开始就在那边
喃喃自语什么？
你没想到
什么点子吗？
没错！
就是这个！
就是风！
我们忘了
最重要的因素！
猛然

你去哪？
嗒
喂！
等等我啊！
嗒
嗒
风怎么了！
嗒嗒嗒
嗒
问题出在风吗？
造成海浪最重要的因素就是风！
所以应该要利用风让螺旋桨转动才对。
风就是
空气的流动……

但是我们的实验
却阻挡了空气的流动！
啪
波浪赶入发电站内的
空气就这样被困在里面，
所以螺旋桨才会只是
左右晃动。
嗒
嗒
啊！原来就是因为
没有制造出风，螺旋桨
才会不转动！
嗒嗒嗒
所以发电机才无法运作，
灯泡才会熄灭！
嗒
嗒
嗒
那么，我们
要怎么利用
风呢？
一定有
什么方法吧？
通道……

喀
啦
就是制造出通道！
练习室B
13
00
黎明小学
相反，当波浪退出发电站时，空气就会随之涌入内部，我们要做的就是让空气可以进出的通道！
波浪涌入发电站内的话，内部会充满水，将空气往外挤出去，
咚
这样做的话，就可以让空气流动！
嗯！

唰啦啦……
海浪是因为
风而产生。
哗啦……
哗啦……
若是利用
波浪在涌入时，
将内部的空气
往外挤出，
啪吱
在退出时则将外面的
空气引入内部……
呼呼呼
呼呼
空气……
流动了！

唰啦啦
空气的流动
就会产生风，
如果产生的风能让
螺旋桨转动的话……
哗啦
哗啦
灯泡……
啪
亮了！

成功了！
目瞪口呆

终于……
松口气
成……
成功了！
嗯！

沙沙
滴滴……
一定正在担心
我们吧……
老师……

嗯，看到我们在决赛
第一回合的表现后，
一定一直在担心我们。
如果他知道我们
的实验已经成功
的话，一定会
很高兴！
我们没有办法让他
知道这件事啊！
说不定老师
早就知道我们
会成功……
怎么会没办法？
可以的！
虽然晚了点，
但是我们的实验
还是成功了，我们只要
让所有人知道这件事
不就行了吗？
?!

太阳小学
太阳
太阳小学
校长室
喀
啦

厉害，
如果我猜得没错，
太阳小学
的校长先生……
就是散布这份资料的
幕后主使者。
不愧是聪明人，
终于来找我了！
嗒
嗒
啪
既然计划已经成功了，
现在应该正在准备
另一个计划吧？
呵……
而且这个计划
还需要我的帮忙。

哈哈哈
你在说什么啊？
完全听不懂你在说什么！
我只是……

看来我那天说的话
让你留下深刻的印象，
你曾说过没有老师
的话，比赛就一点
意义都没有吧？
因为自己的私事
就放弃比赛，
这样真的
可以吗？
所以我想到了一个
可以帮助你的办法。
你……

想帮我？
原
来……
呵呵
什么嘛，
跟我说话居然
这么没礼貌！

不过相对的，
你也应该要
帮助我才行吧？
随便啦！
真的没礼貌！

呵
如果你要的是
柯有学老师……

我要的就是……
怦怦
如何？我这个提议
对双方都有好处吧？
颤抖
呵
呵
呵
颤抖
好，
就这么做吧！

决赛第二回合
未来小学VS大星小学
飘扬
喧闹
喧闹
喧闹
哈
哈
哈
喧闹
居然用吸管和色纸做出旗子来，还蛮聪明的耶！
就是说啊！
对了，你看过昨天上传的影片了吗？
大星小学是蓝旗，未来小学是黄旗，一个100元！
只要100元
哇
哈哈
什么影片？
你还没看过哦？

就是上传到全国实验大赛网页布告栏上的影片，标题是“波浪发电实验成功记”。
就是黎明小学在决赛中失败的那个实验！
他们在影片中说明了实验失败的原因和解决问题的过程哦！
真的吗？

士元也有出现在影片里哦，真的超帅的！
等一下，我找给你看！
呼！
赶快找给我看吧！
就是这个！
敲
大家好！支持黎明小学实验社的各位粉丝们！
这个影片中的实验，就是我们在决赛中失败的那个实验……

我们制作了让空气
可以流动的通道。
这就是通道阀门。
嚓
沉醉当中
拍摄者为太阳小学的
花样记者，裴宥莉。
笑一个！
哗啦
哗啦
不拍我们在
那边干吗！

好！
大家都看到
了吧？螺旋桨旋
转后，灯泡就亮了。

仔细观察
的话……
闪烁
哇啊啊！
成功了！

老师，
您不用担心我们！
我们还是一样充满活力，
努力地向前迈进！
老师
您也过得不错吧？
我们好想您，
老师！
你们……
孩子们……

我以你们为荣！
嘈杂
嘈杂
嘈杂
钱包满满
那么，现在就开始进行全国实验大赛的第二回合决赛。
哇
由未来小学实验社对决大星小学实验社。

首先，我们先请未来小学实验社的成员入场。
嗒
嗒
东张
接着是大星小学实验社的成员。
西望
唔？
怎么只有三个人？
一，
二，
三。

未来小学实验社的成员
本来就只有三个啊！
接耳
交头
嘈杂
我说的不是他们，
是大星小学啦！
怎么没看到艾力克？
嘈杂
啊，真的耶！

那边那个人……
不就是艾力克吗？
是我眼花
看错了吗？
唔！
东张
西望
喘
喘

你在这里
干吗？

该不会因为太紧张，
所以迷路了吧？
喘
喘
Thanks，God！

没有……
喘吁吁
可能去的地方
都找过了！
什么？
不管再
怎么找……
喘
你在说
什么啊？

喘
你们去找吧！
找到的话，
我会……
喘
喘

那么，现在
就发表实验主题。
啊！
快点！
啪
你只要负责找到他，
剩下来的就交给我吧！
气喘
吁吁
只要找到他……
主题是……
什么？
等一下！
嗒

到底……
抱歉，我迟到了！
嗒
嗒
嗒
喧闹
喧闹
发生什么事了？
要我去……找老师？
敬请期待 科学实验王 21

大海的结构

大约40亿年前，曾经处于极高温状态的地球慢慢冷却下来，除了形成了大气圈，空气中大量的水蒸气也变成雨水，飘落积聚在地表低洼地区，所形成的水体就是大海。自此之后，在漫长岁月间，大海也逐渐形成独特的结构。

大海的分类　大海依照所在位置、地形、大小和海水性质等，分成大洋和附属海，附属海又分成地中海和边缘海。大洋指的是面积宽广、盐度固定且拥有独立洋流系统的大片海洋，包括太平洋、大西洋和印度洋等。规模比大洋小的附属海，指的是被半岛和列岛所包围的海洋，深度比大洋浅，盐度会受到邻近河川的影响。除此之外，被陆地完全包围的海洋称为内陆海，例如波罗的海是被欧洲陆地包围的。

海底地形　虽然相较于地表地形，海洋地形的起伏较小且坡度较平缓，但是由于板块运动与沉积物的堆积，使得海洋地形经常发生变化。

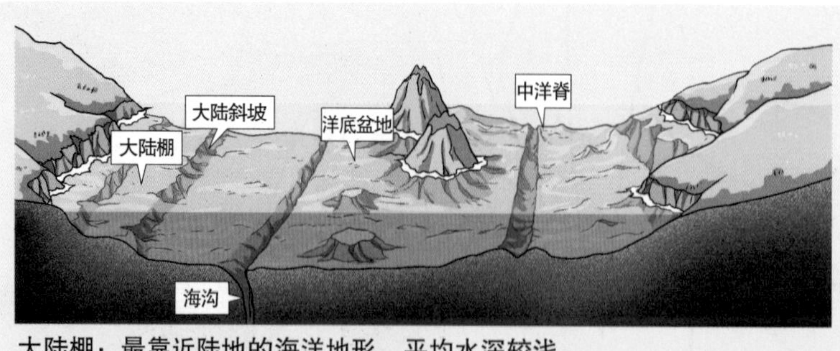

大陆棚：最靠近陆地的海洋地形，平均水深较浅。
大陆斜坡：位于大陆棚的后端，连接大海侧面的斜坡地形，坡度比大陆棚陡斜。
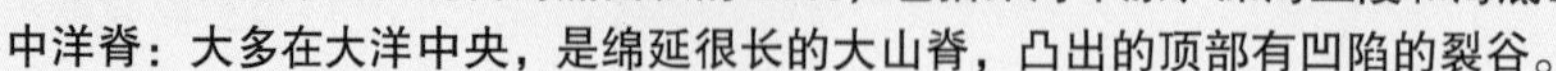
海沟：位于大陆斜坡和中洋脊之间的深沟，时常发生火山、地震活动。
洋底盆地：分布面积约占海底面积的 80%，包括深海平原、深海丘陵和海底山。
中洋脊：大多在大洋中央，是绵延很长的大山脊，凸出的顶部有凹陷的裂谷。

大海的性质

大海面积约占地球表面积的70%，具有储藏热量的能力，对于维持生态界和地球气候都具有极大的影响力。地球如果没有了大海的覆盖，就不会形成现在的气候。

盐度　海水含有氯化钠、氯化镁、硫酸镁和硫酸钙等物质，这些物质通称为盐类成分，海水中含有的盐类总量则称之为盐度。虽然海水的盐度会随着区域不同而稍有差异，但是溶于海水的盐类成分之相对组成比例却维持不变，这就是“海水组成恒定性规律”，这是通过海水的循环来达成的。

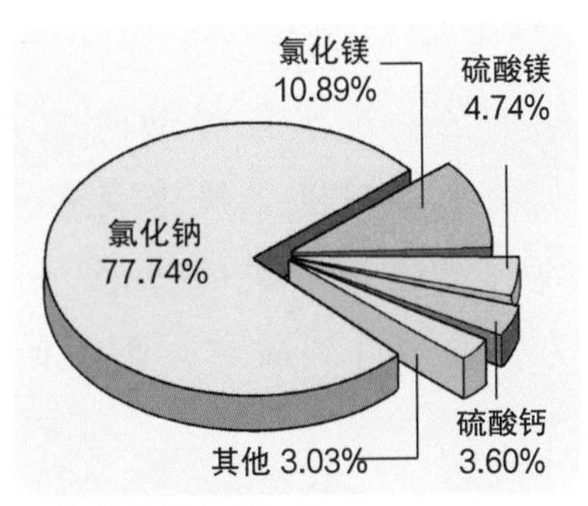

盐类成分的组成比例

海水的温度　海水的温度会随着地点、季节以及深度而有所差异。大致上来说，越往高纬度地区，海水的温度就越低。同时，深度由浅到深，分成：受到洋流和海浪影响而温度变化不大的混合层；位于混合层之下，海水温度随着水深而急剧下降的斜温层，以及因为无法接收到阳光照射而几乎维持固定温度的深水层。

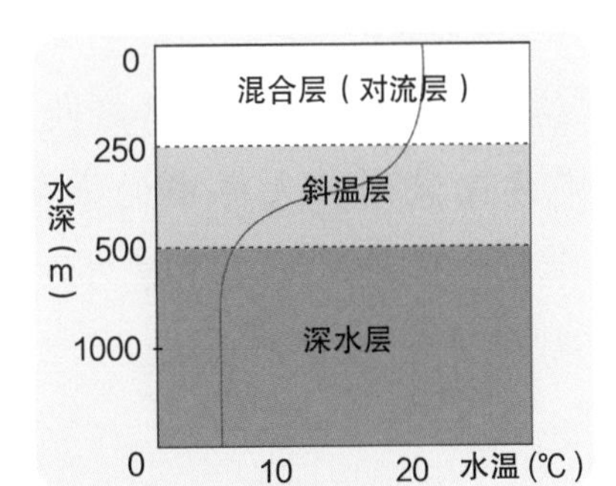

海水的温度随着深度而变化。

大海的颜色　海水为什么会呈现蓝色呢？这是因为在人眼可见的色光中，波长最长的红色会穿透进海水，而波长最短的蓝色则容易被反射，我们的眼睛接收到蓝色的光，所以海水看起来才会是蓝色的。另外，海水的颜色也会受到漂浮粒子或浮游生物的影响而出现变化。

赤潮　因为浮游生物异常大量增生，海水的颜色暂时变成红色的一种现象。

大海的运动

大海虽然看似平静不变，事实上却无时无刻不在运动，包括海浪、水面呈现高低变化的潮汐现象，以及海水因为密度、温度等差异而形成的大规模流动。最近人们尝试着利用大海的运动来获得能源。

海浪 风的吹拂造成了海水表面的水分子运动，掀起波纹而形成海浪。从深水区往浅水区移动时，海浪的运动形态也会发生变化，分别为风浪、涌浪和碎浪。风浪是风吹拂时造成的海浪，涌浪是风浪脱离风域后向前传送而形成的海浪。当涌浪接近沿岸地区时，因为受到海床的阻力，波形遭到破坏，形成的破碎状海浪则是碎浪。

洋流 洋流亦称海流，是具有相对稳定的流速和流向的大规模海水运动，大致上可分成表层水的流动和深层水的流动。洋流的形成原因主要是风，但是也受到密度差异、气压差异、温度差异、蒸发、降雨等各种因素综合的影响。

吹送流 固定风向的风持续吹过海面，对海面施加的摩擦力造成海水往特定方向流动。大洋中的表面洋流，大多是这种因风吹送所造成的。随着海水深度加深，摩擦力则会减少。

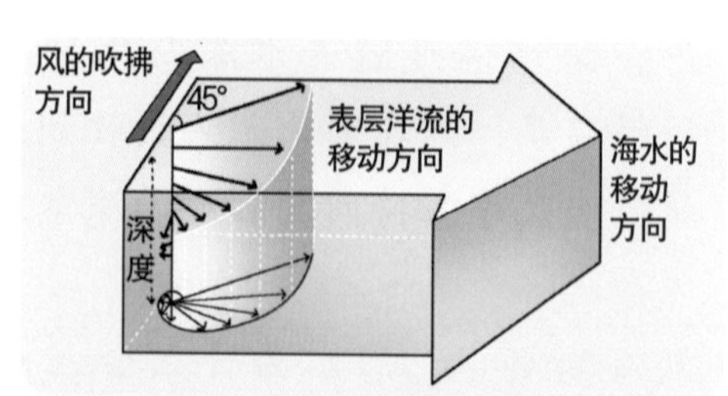

吹送流：风的作用会随着海水深度加深而减少。

密度流 因为海水的盐度差或温度差，导致海水密度产生差异而产生的洋流。高纬度海域的海水温度低且盐度高，所以海水密度大，海水会往下方沉；低纬度海域的海水温度高且盐度低，所以海水密度小，海水会往上方移动。

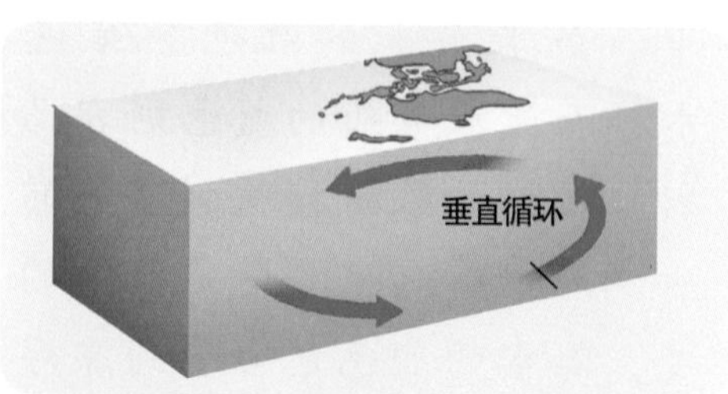

密度流：因为海水密度差异，所以海水会上下垂直循环。

寒流和暖流

因为纬度不同导致接收到的阳光辐射量不同，所以洋流又分成温暖的暖流和冰冷的寒流。位于高纬度海域的低温寒流会往低纬度海域移动；同样的，位于低纬度海域的高温暖流也会往高纬度海域移动，让地球水温达到均衡状态。寒流和暖流交汇的海域称为潮境海域，因为寒流带来的鱼类和暖流带来的鱼类会会聚于此处，所以往往会成为重要的渔场。

潮汐现象　所谓的潮汐现象，就是指因为涨潮和退潮而造成海平面上升下降的一种现象。潮汐现象是受到引潮力作用而引起的，其中包含了月球引力和地球自转造成的离心力。涨潮和退潮一天各会发生两次，海平面最高时叫作满潮，海平面最低时叫干潮。

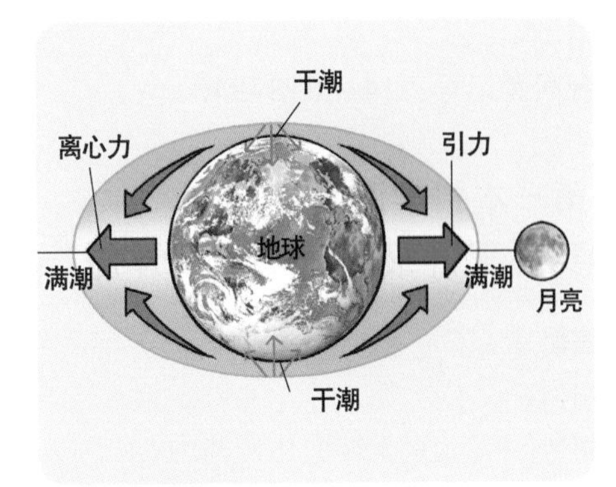

潮汐现象的原理

潮汐周期　潮汐周期指的是从干潮到满潮，或是从满潮到干潮所经历的时间。潮汐周期约为12小时25分，所以每隔一天潮汐发生时间约会延迟50分钟，这是因为地球自转的同时，月球也会往东绕地球公转13度。如果隔天想要在天空同一个位置看到月球，地球就必须要再多自转50分钟才行。

图书在版编目（CIP）数据

海浪与洋流/韩国小熊工作室著；(韩)弘钟贤绘；徐月珠译. —南昌：二十一世纪出版社集团，2018.11(2022.4重印)

（我的第一本科学漫画书. 科学实验王：升级版；20）

ISBN 978-7-5568-3836-3

Ⅰ. ①海… Ⅱ. ①韩… ②弘… ③徐… Ⅲ. ①海浪—少儿读物②洋流—少儿读物 Ⅳ. ①P731.2-49

中国版本图书馆CIP数据核字(2018)第234027号

版权合同登记号：14-2013-246

我的第一本科学漫画书
科学实验王升级版⑳海浪与洋流 【韩】小熊工作室/文 【韩】弘钟贤/图 徐月珠/译

责任编辑	邹 源
特约编辑	任 凭
排版制作	北京索彼文化传播中心
出版发行	二十一世纪出版社集团（江西省南昌市子安路75号 330025） www.21cccc.com（网址） cc21@163.net（邮箱）
出 版 人	刘凯军
经 销	全国各地书店
印 刷	南昌市印刷十二厂有限公司
版 次	2018年11月第1版
印 次	2022年4月第5次印刷
印 数	45001-55000册
开 本	787mm × 1060mm 1/16
印 张	12.5
书 号	ISBN 978-7-5568-3836-3
定 价	35.00元

赣版权登字—04—2018—418

如发现印装质量问题，请寄本社图书发行公司调换，服务热线：0791-86524997